# 不屈のファーストペンギン

新技術に挑み続けた地方中小測量会社の軌跡

坂井浩
SAKAI HIROSHI

幻冬舎 MC

# 不屈のファーストペンギン

新技術に挑み続けた
地方中小測量会社の軌跡

航空測量写真：新潟市上空（デジタル航空カメラで撮影）

MMS（モービル・マッピング・システム）搭載車

MMS 搭載車　車内

デジタル航空カメラを搭載したセスナ機

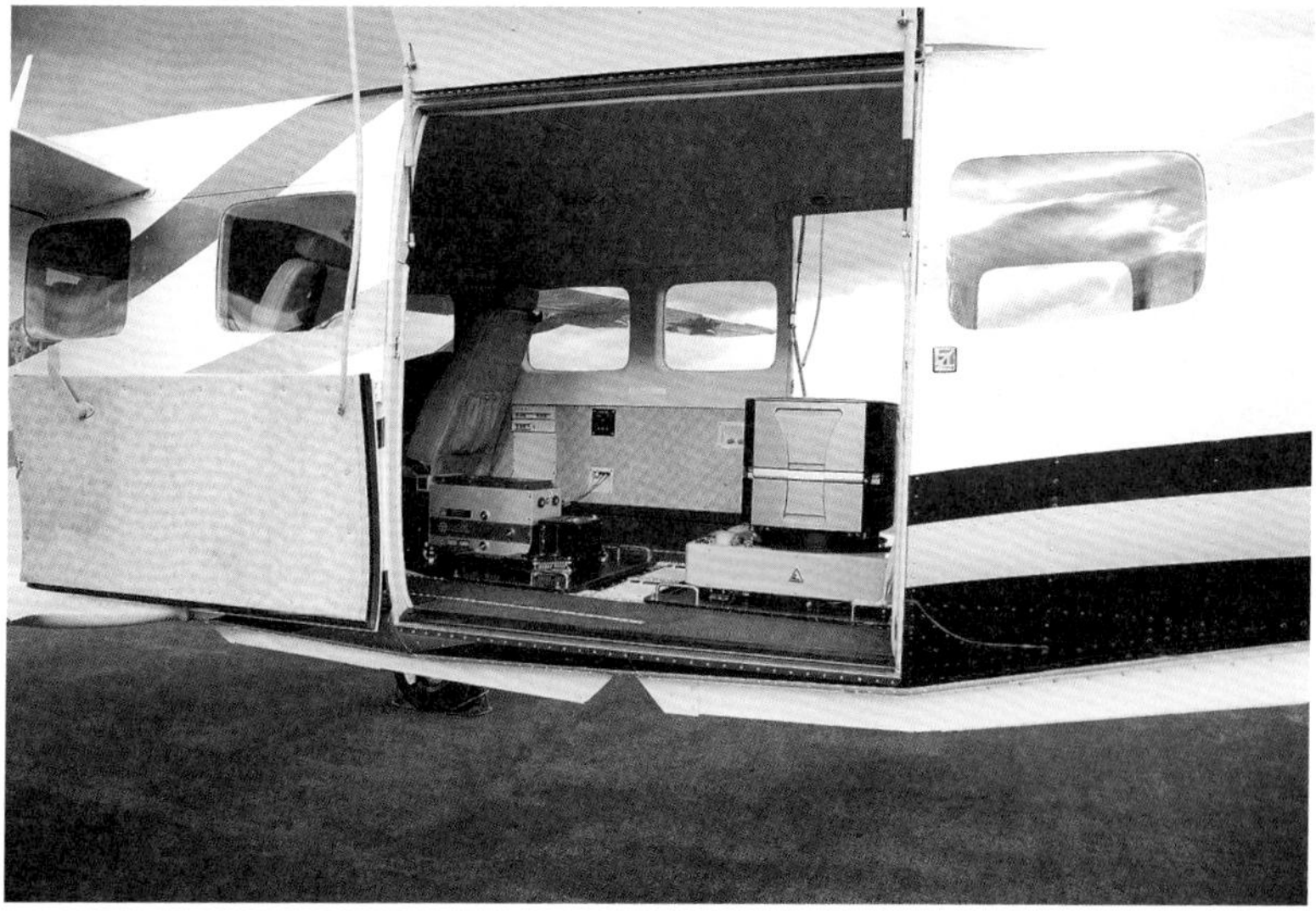

セスナ機 機内

レーザースキャナー

ウェアラブル型レーザースキャナーを用いた測量

ドローン技術を用いた測量

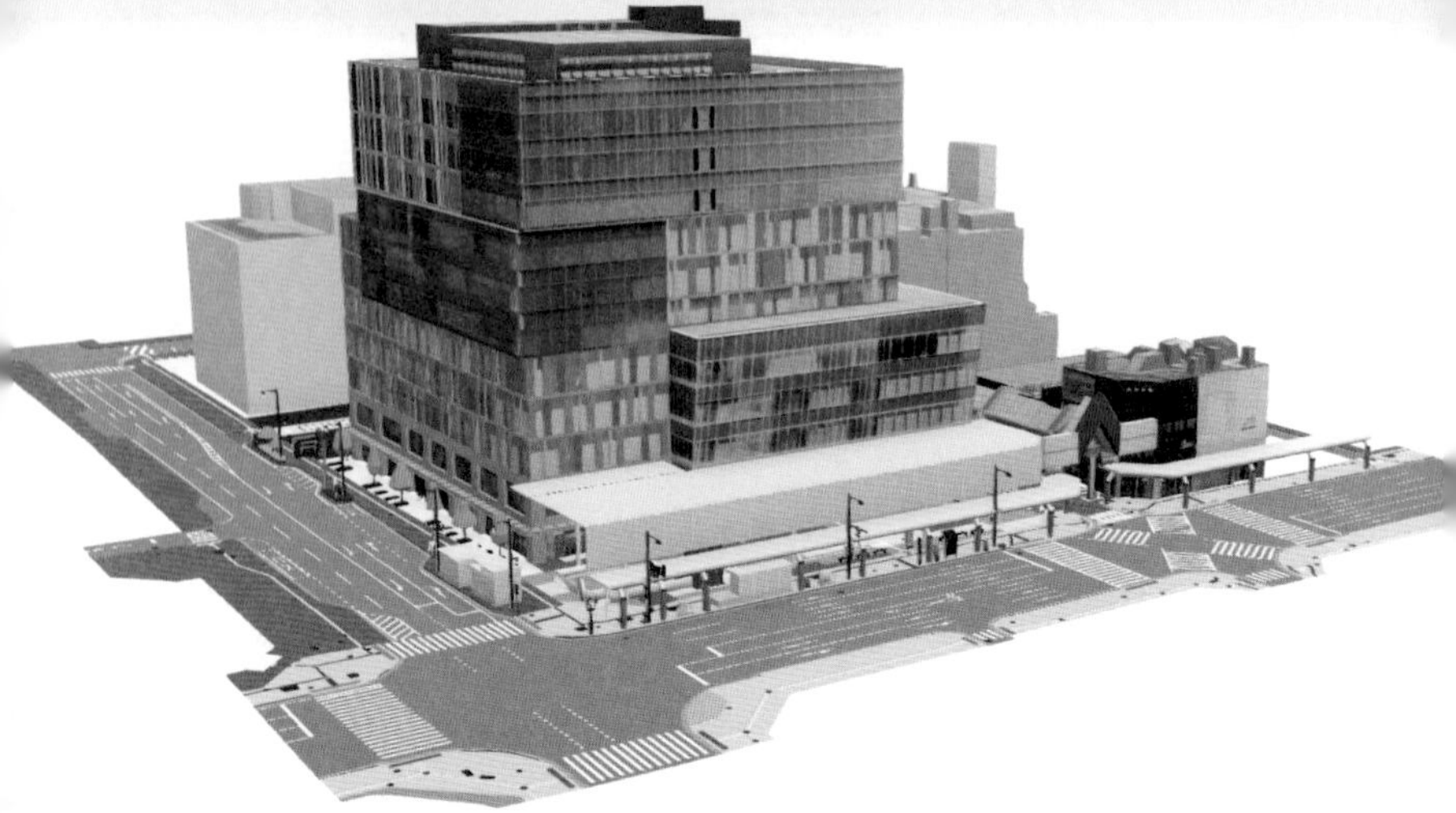

古町ルフルの 3D 都市モデル（にいがた 2km プロジェクト）

古町ルフル内 商店街の 3D 点群データ

商店街入口 遠景の 3D 都市モデル

商店街中 大通りの 3D 都市モデル（3D 点群データから作成）

萬代橋《ばんだいばし》下流 万代テラスの 3D 点群データ

国指定重要文化財 萬代橋の 3D 点群データ

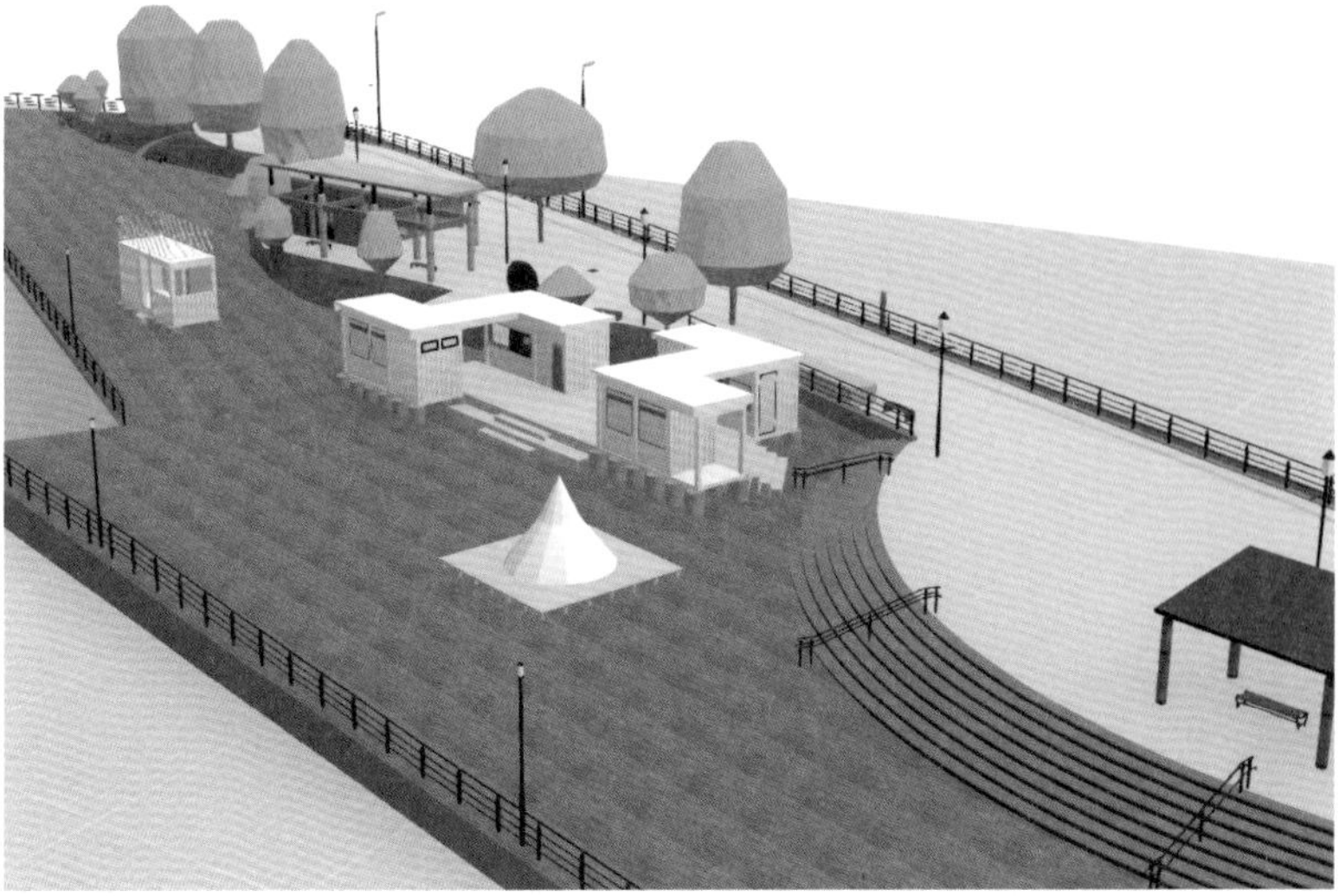

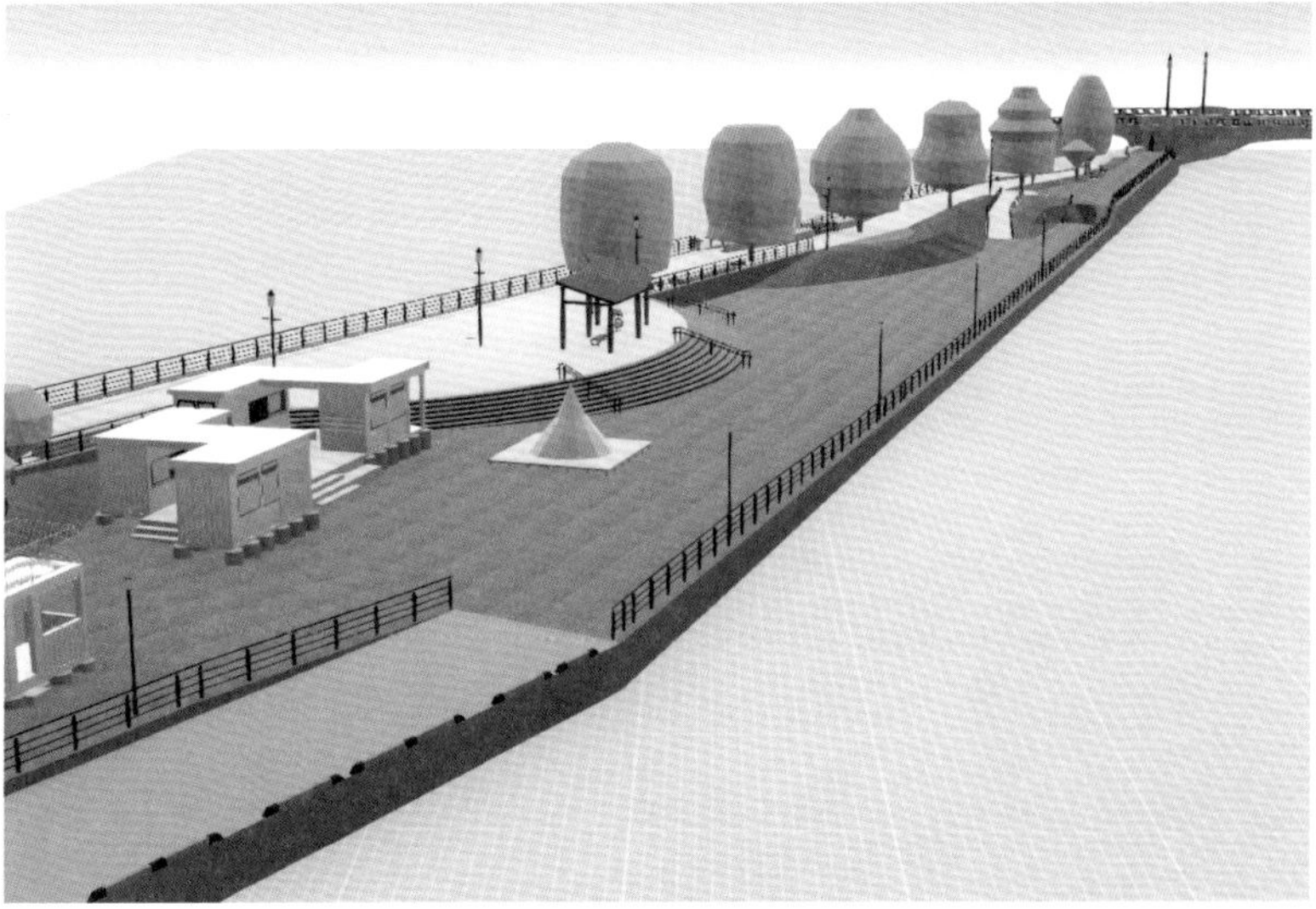

3D デジタル化された万代テラス

航空測量写真：水を湛えた早出川ダム（新潟県五泉市）

航空測量写真：新潟駅上空

航空測量写真：弥彦山（新潟県弥彦村）山頂付近

# はじめに

私が身を置く測量業界は、新しい技術が次から次へと生まれる、変化が目まぐるしい業界です。

昔は測量といえば、測量部隊が街中だろうと山奥だろうと現場へ出向き、地形の起伏や道幅など一つひとつ長さや高さを丁寧に測量し、その結果をマイラーといわれる透明フィルムに手書きして地図を作成するアナログな方法が主流でした。しかし、技術が進歩し航空測量が登場すると、飛行機やヘリコプターで上空から写真を撮影しそれをデジタルデータに変換し図化する手法が確立されました。そこからの進化は加速度的に進み、レーザー技術によってより迅速かつ正確に、3Ｄ電子地図データも作成できるまでになりました。今では車両を走らせながらリアルタイムで空間データを取得する技術や、ドローンを使って人が入れない場所の測量を行う技術まで登場しています。

こういった日進月歩の勢いで進化していく測量技術についていくのは、大手は可能でも中小企業にとっては並大抵のことではありません。人材も資金力も乏しい中小規模の測量会社は次第に経営が苦しくなり、廃業か大手に吸収されて生き残るのかどちらかの選択を迫られることになります。そのため測量業界は大手企業による寡占化が進行しています。

私が大学を中退し故郷の新潟で入社した会社も、従業員は10人そこそこ、営業力も足りていない、吹けば飛んでしまうような弱小測量会社でした。ただ、いち早く航空測量を導入し、必要な機器をそろえた点だけは他社とは違っていました。当時の社長は、まだ参入している企業が限られていた航空測量を採用し、会社の特長にしようと考えたのです。しかし、最新の測量技術を求める公共事業はなく宝の持ち腐れとなってしまいました。今では定番の測量技術として認められている航空測量も当時はまったく知名度がなく、上空1000メートルから撮影したところで、果たして地上測量ほどの精度が担保されるのかと営業先となる市町村から訝しがられるのはある意味当然といえます。仕事を受注できず会社は徐々に追い込まれていきましたが、その危機を救ったのが１９７０年代半ばに地方自治体の主導で始まった道路台帳整備業務と呼ばれる大規模測量業務の開始です。この業務は広範囲の測量を行う必要があったため、それまで一般的だった地上測量ではなく、効率的に業務を遂行できる航空測量が用いられることになりました。航空測量ができるということで私の会社は指名業者になることができ、会社をV字回復させることができました。

私たちが業界で生き残るために不屈の闘志でチャレンジしてこられたのは、勇敢さよりも恐怖心が勝っていたからだと思います。挑戦しなければ死んでしまう、何もしないで死ぬのは嫌だという想いが原動力となったのです。こうして私たちは餌を求めてリスクを覚悟で海へ飛び込んでいくファーストペンギンのように、幾度となく経営の危機にさらされながら、新しい技術を取り入れることで窮境を乗り越えてきました。

本書は、ある地方の中小企業が、猛スピードで発展を遂げていく業界のなかで、生き残りをかけた闘いに挑んでいく軌跡をまとめた一冊です。自社の将来に不安を抱えていたり、現在進行形で問題に向き合っていたりする方のヒントになれば幸いです。

第一章

# 測量の仕事はどこにある？

## 社員10人、小さな測量会社の生き残りをかけた闘い

第二章

## 昨日まであった仕事が明日にはなくなる⁉
# 測量のデジタル化で、仕事が一変

第三章

# 新技術で先行しなければ測量会社は生き残れない
# レーザー測量によるモービル・マッピング・システムの導入

第四章

さらなる差別化へ向けて、ソフトウェア開発と
測量データ活用の内製化へ舵を切る

# 測量会社から
# ICTソリューションカンパニーへの飛躍

第五章

# 測量技術とICTの融合が事業領域をさらに広げる

## 地下測量、ドローン技術、メタバース……

# 第一章

## 測量の仕事はどこにある?

### 社員10人、小さな測量会社の生き残りをかけた闘い

## 正社員10人、解散秒読みの小さな測量会社

私が正社員10人ほどの小さな測量会社で働くことになった経緯は、いわば仕方なしといった感じの、非常に消極的なものでした。

1977年、大学4年生だった私は主将を担っていた卓球部の活動と少々の遊び好きが災いし、卒業に必要な単位が半分も取れていないという悲惨な現実に直面していました。挽回して卒業するには少なくとも2年かかることが分かり、途方に暮れた私は大学中退を決意しました。そして、すぐに故郷の新潟に戻りましたが、これにはとりあえず実家に引っ込めば何かしら仕事にありつけるだろうという甘い考えがありました。

さっそく職業安定所へ向かうと、自動車運転免許くらいはもっていないと条件のいい仕事は紹介できないと一蹴されます。実際私は車の免許はおろか、どこかの企業が評価してくれるような資格は何一つもっていませんでした。対応してくれた職員の言うことももっともだと思い、そこからは免許取得を目指しながら実家暮らしで生活費を稼ぐ生活が始ま

ります。夕方以降で何か良いアルバイトはないかと探していたところ、条件に合っていたのが小さな測量会社の仕事だったのです。

これが、この会社との初めての出会いです。私が生涯の大半を捧げることになる新潟の地方中小企業へ入ったきっかけは、当面を食いつないでいくための間に合わせだったのです。

アルバイト内容は図化作業の補助員でした。図化作業とは、連続する2枚の航空写真を基に図化機を使用して道路や建物、等高線などを描画する作業です。この図化機をオペレーターが動かすのですが、一人でやるには骨が折れます。そこでオペレーターの指示に付き従うかたちで、標高などの必要な情報を地図に描き込むのが補助員である私の仕事でした。

その当時、社内に図化機は1台しかなく、3交代制で24時間フル稼働している状況でした。私は午後2時から午後11時までの部で、図化室に引きこもって鉛筆を握りしめ、図化作業に勤しみ日銭を稼いでいたのです。アウトドア派で人と話しているのが好きな性分なので、この作業自体はあまり楽しく感じられませんでしたが、生活のために当時は必死でした。

半年後、無事に自動車学校を卒業し運転免許を取得した私は、本格的に就職活動再開と意気込み補助員のアルバイトを辞めることにしました。当時の副社長からは、就職先を探しているならうちで正社員として雇ってもよいという温かい提案も受けていたのですが、丁重にお断りしたのを今でも覚えています。

この半年間、アルバイトながら事務所の内側を眺めてきて、この会社は順風満帆な経営ができているとは思えなかったのです。従業員は10人そこそこで中小企業というよりは零細企業、建物は古くお世辞にもきれいとはいえません。当時の私はここに長く身を置く気にはなれませんでした。大学を中退した手前、贅沢なことはいえませんが、もう少し従業員が多くて、事業の安定性が見込める仕事にありつきたいという思いが勝っていたのです。

しかし、就職活動を再開して社会の厳しい現実を目の当たりにします。大学中退で資格が運転免許だけという人を相手にしてくれる中規模以上で安定性の高い企業などほぼなかったのです。高度経済成長時代の終焉とオイルショックの影響で就職難という社会背景も影響していました。半年ほど就職活動に励みましたが、一向に明るい兆しは見えてきません。実家住まいですから親からの無言のプレッシャーも日に日に増していきました。

もうなんでもいいから仕事を見つけたいと絶望に打ちひしがれていたときに、アルバイト先だった測量会社の副社長が誘ってくれていたことを思い出したのです。

藁にもすがる思いで会社のドアを叩き、副社長に直談判し、正社員として雇ってくださいとお願いしました。副社長は最初、一度断った身の私にいい顔を見せてはくれませんでしたが、これも何かの縁ということで晴れて正社員として仲間入りすることとなりました。1978年の2月のことです。

担当は営業職で、アルバイト時代の図化作業よりは自分向きだと思いました。外回り営業をしながら次の働き先を見つければ、稼ぎを得ながら次の就職口も見つけられて一石二鳥という狙いもありました。

## 達成不可能なノルマを課される営業

私が晴れて就職した会社で行っていた事業は測量でした。測量というと作業員が更地や道路脇に立ち、カメラのようなものを覗き込んで何かをしているくらいの認識をもっている人が大多数だと思います。測量とは土地の位置や面積、形状を特殊な機器を用いて計測し、その計測データを基にして図化するまでの一連の工程作業を指します。正確な地図をつくるうえで測量は必要となりますし、土地の形が正確に計測できていなければ、その土地に建てる建造物の正しい設計をすることは叶いません。また、隣の土地との境界を測量で明らかにしておかないと、のちのちのトラブルにもつながってしまいます。

安心安全でスムーズな工事をするうえで、測量は欠かすことができない工程なのです。建物を新築するとき、トンネルを掘るとき、河川に橋を架けるとき、道路を延ばすときなど、何か新しい建設工事を行う際、必ず測量の仕事は発生します。

私の会社の営業先は国や自治体といった行政機関でした。道路工事や公共施設建設など、公共事業の建設計画に参画し測量業務を担うことで売上を立てています。受注までの流れとしてはまず、県の土木事務所や市町村役場の建設課などの営業先を訪れ、道路を新しくつくる予定はないか、ダムや橋などの大きなプロジェクトは予定していないか、測量が必要な案件はないかと聞いて回ります。営業先から道路を延長する計画があった、今期の予算で公共施設建設の予定があるといった返答が引き出せれば新規案件受注のチャンスです。県内に点在する行政機関をしらみつぶしに巡って、このような問答を繰り返し、新規の測量業務を見つけるのが営業職である私の仕事でした。

しかし実際には運よく新規の仕事と出合うことができたとしても、そこからが大変です。公共事業の場合、仕事を受注するには入札に参加して競合に競り勝たないといけません。入札に参加するための資料づくりも営業職が担うため、昼は出先で営業、夕方以降は会社に戻ってデスクワークというのが一日の主な流れでした。営業ノウハウもなければ資料づくりの知識も足りないため、まだ入社直後の新人が新規案件を受注するのは並大抵のことではなかったのです。

この小さな測量会社において営業職は私を含めて2人で、年間売上目標は2億円でした。また、そのうちの6000万円のノルマを私は課されていました。しかし、実際にはようやく仕事を取れたとしても、売上はせいぜい100万円がよいところであり、6000万円のノルマなど絶対に不可能であることは明白だったのです。

売上目標達成の見込みがないのだから、近い将来会社は潰れることになるだろう、そうなる前に新しい就職先を見つけて押さえておこうと、営業車の助手席に就職情報誌を置いて、どうせ断られるのだから営業訪問先はできるだけ少なくしようと、遠くの役場に向けて長時間のドライブを楽しむのが新人営業の日課になりつつありました。

朝8時半に会社を出たら、17時半まで戻ることはできません。早く帰社しようものならもっと営業をしてこいと尻を叩かれるだけです。とにかくできるだけ外で時間を潰すこと、それだけが私の任務でした。幸い初対面の人とも話をするのは得意だったので、役場の中に入って接客室で談話する雰囲気までもっていければ、何時間でも時間を潰す自信だけはありました。

何件かは仕事の話につながり、私が受注できるケースもありましたが、それはほんの一握りです。2人いる営業職のうちの1人の仕事のペースがこんなありさまですから、やはりノルマ達成など夢のまた夢だったのです。

## ダム事業と出稼ぎで凌ぐ日々

私が入社した1978年、会社は創業30周年を迎える直前でした。

戦後まもない1949年に創業し、高度経済成長時代の積極的な公共投資の波に乗って会社は急成長していきます。1972年は田中角栄内閣が発足し、日本列島改造論が大々的に実施展開され、地方都市の開発が活性化した時代です。日本列島改造計画は経済や財政金融のコンディションにも影響を及ぼしました。社会保障のいっそうの充実を図り、高速道路・新幹線の整備拡充を通じて工場の地方分散と新25万都市の建設を促進するという構想は、国民には新鮮な印象を与え、列島改造計画を実現するための予算措置が進められていったのです。

田中角栄氏の出身地である新潟県は特にその恩恵を受け、道路や橋などの公共事業計画が次々と発注され、会社の経営もかなり潤ったようです。しかし、この直後から日本列島改造論の影響で地価の高騰が発生し、連動して深刻な物価上昇を誘引、国民全体が苦しい思いを強いられる皮肉な結果を招くことになります。

　さらにはオイルショックの影響も加わって、日本は高度経済成長時代の終焉を迎えます。低成長時代が訪れ、世間は節約ムードへと突入しました。私がこの会社に入社したのはこのような混迷の時代でのことだったのです。

　各家庭が厳しい我慢の生活を強いられているのですから、国や自治体も税金を景気よくばら撒くような公共事業推進の姿勢を見せることはできません。そのため行政機関へ営業を仕掛けても、ほとんどは新規の公共工事に消極的で、新しい

**図1　田中角栄氏が構想した全国の新幹線網**

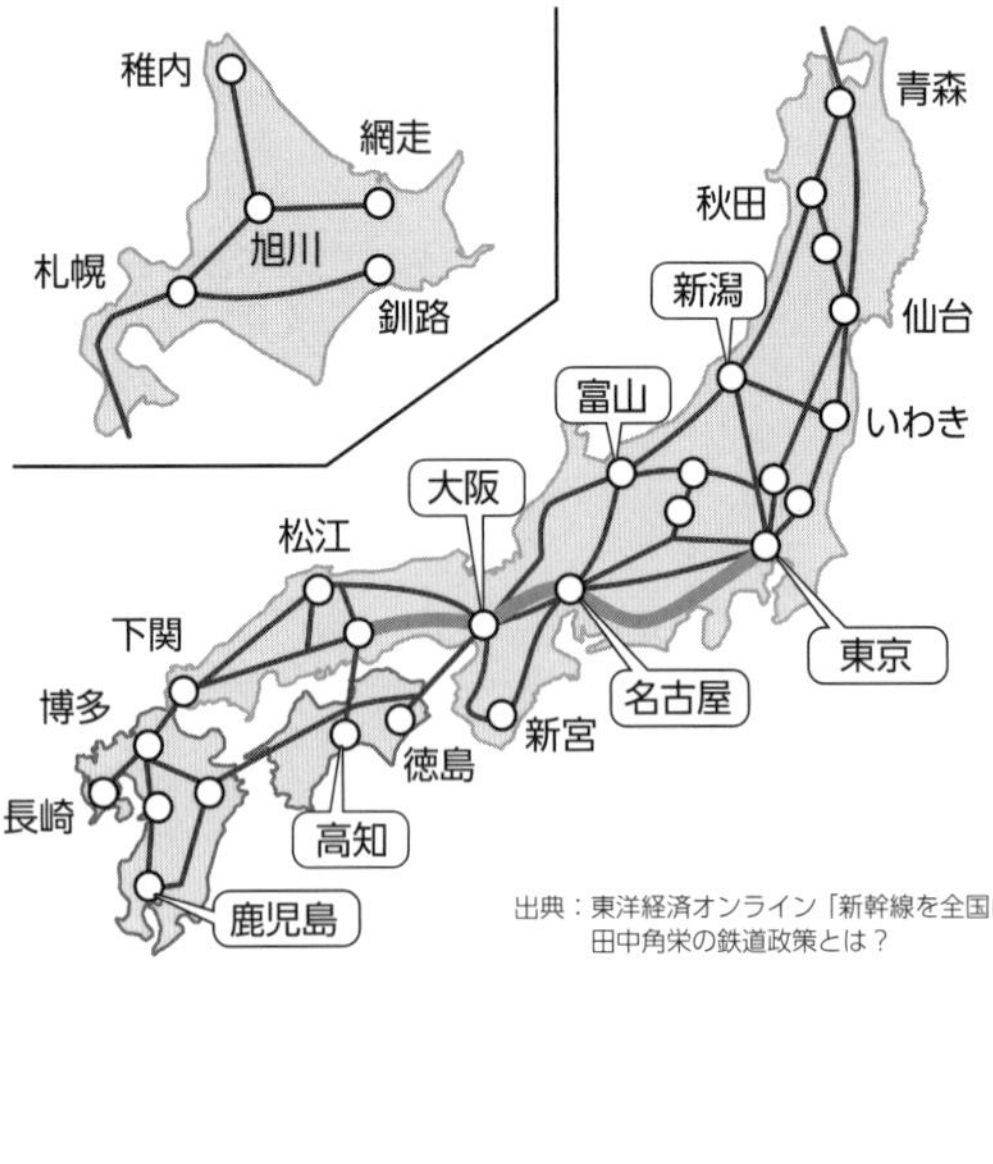


出典：東洋経済オンライン「新幹線を全国に」
田中角栄の鉄道政策とは？

測量の仕事はないと開口一番で断られるのが定番でした。そうやって声をかけてもらえるならまだいいほうで、名刺だけ渡してあとは沈黙の時間が流れ、渋々と引き返すというのも珍しいことではありませんでした。それほど当時は新しい公共工事が発注されない時期で、公共事業の測量業務を生業としている業界には不遇の時代だったのです。

加えて会社は人脈や実績、そして営業力を大きく失っていました。

新潟の測量会社として、堅実に信頼と実績を積み上げ地位を築き上げてきたはずが、それほどまでに落ちぶれてしまった理由はいくつか考えられます。

一つは私が入社する3年ほど前の1975年、低成長時代で公共事業測量の受注が減っている最中、追い打ちをかけるように青天の霹靂ともいえる出来事が会社に起こったことです。経営を統括していた当時のトップが急逝したのです。この人は官公庁と密接な連携を担ういわば営業の要といえる存在で、残された技術者ばかりの会社はもはや営業力を完全に奪われたも同然でした。前触れのない事態ですから、ノウハウも人脈も継承されていません。会社存続が危ぶまれるほどの差し迫った窮境を迎えることになったそうです。

会社が事業を続けていくには、外部から経営を任せられる人材を招き入れる必要がありました。幹部が検討を重ねた結果、林野庁の地方支分部局に勤めていた、急逝した専務の実弟を新社長として迎えることになりました。

しかしトップを据えただけでは問題は解決しません。新社長は公務員出身ということで実務には長けているものの、先代ほどの営業力には到底及びませんでした。そこで営業力補強のため、外部からさらに営業を得意とする人材を登用し、重要な役職に就けました。トップ層のメンバーが一気に塗り替えられ、会社は生まれ変わりました。しかし社内の人間関係やパワーバランスが一変し、新体制についていけず去っていく人もいたそうです。営業力強化のために人材を積極採用したものの、先述の低成長時代の影響もあり、なかなか新規の仕事が取れない時期は続くことになりました。

1976年、新潟県五泉市を流れる早出川《はやでがわ》の上流にダムを建設する計画が、新潟県より発表されました。

国有林の土地を県の土地に所管換えする事業が発注され、林野庁出身の新社長は絶対に自分たちが受けるべき仕事だと確信し奔走します。測量業務に加えて所管換え業務も担える点が評価され、会社はダム測量の案件を受注することが叶いました。会社の測量技術力に加えて、新社長の前職の経験が活かされたことによる大規模事業受注でした。もしこの仕事を受けることができなければ、事業を継続していけるだけの資金が確保できず、新体制2年目で会社は早くも倒産へ追い込まれていた可能性もありました。

早出川ダムの測量業務は7月から11月まで続きましたが、これが終わるとまた新規受注のない日々が再開してしまいました。ダムの実績を引っ提げて営業をかけても、なかなかそのような大規模事業が発注される好都合に出合えるわけでもありません。まだまだ営業力不足は拭えませんでした。

特に新潟は冬に積雪があるため、11月から春先にかけて公共事業関連の測量の仕事がほぼゼロに近くなってしまいます。技術者たちが事務所の中で一日暇をもて余す日も少なくありませんでした。

苦肉の策として、名古屋や千葉にある知り合いの測量会社から、溢れている仕事を回してもらい、出稼ぎして食いつないでいくことになりました。新潟の会社なのに、新潟の仕事をほとんどしていないという極めて珍妙な時期でした。彼ら取引先との関係が途切れてしまったら、これもまた間違いなく会社は廃業まっしぐらとなっていたはずです。

## 会社思いの人材が不足しているからこその悪循環

不景気の煽りを受けて仕事の発注が減っていたこと、そしてトップの急逝によって営業力がなくなってしまったことはもちろん痛手でしたが、それ以上に大きかったのは、会社に思い入れを強く抱く人物が減ってしまったことにあったと思います。

半ば強引に組織体制を築いたことでこれまで長く在籍していた人材が去り、会社になじみのない寄せ集めの人材が出入りを繰り返すことになりました。つまり会社に対して人一倍思いを強く抱き、会社の未来を考えて次への一手を考える人が減ってしまったのが経営をV字回復させられない主要因であったと考えられます。

私自身、就職情報誌片手に営業へ出ていたくらいですから、当初は会社に対して強い思いをもち合わせてはいませんでした。この会社で出世していこうとか、大きくしていくには自分はどんな能力を伸ばし発揮していけばいいかといった視点はまったくなかったのです。

そして実際に営業を始めてみて新規案件の取れない過酷さを知り、さらに想像以上に会社は先行き不透明であることを思い知ったのです。そのうえ、待遇も決していいものではありません。人材を育てていくシステムも確立されていませんでした。人材も入っては抜けてを繰り返していて、社内の雰囲気は悪くなっていく一方で、やる気を失い会社から心が離れていく社員は私だけではなかったのは明白です。

思い入れの強い人が少ない会社は負のスパイラルから抜けられず、どんどんと悪いほうへ向かっていくだけでした。私はまだ社会に出たての時分でしたが、その会社が縮小していく状況を身をもって経験しました。

このように、私と会社との出会いは決して前向きなものではありませんでした。早く転職したいと考える毎日のなかで、就職難の時勢を抜けて世の中がまた活気を取り戻したら、大学中退の私でも拾ってくれる比較的大きな企業と縁がもてるだろうと期待していたのですが、低成長時代は思いのほか長引き、新しい仕事を見つけることはできませんでした。

そしてここから40年以上、私はこの会社に在籍することになります。そして何の因果か、今では代表取締役として組織の先頭に立ち、会社の行き先を指し示す立場を担っています。入社当時10人ほどだった正社員は現在160人を超え、地方測量会社としては大所帯となっているのですから、人生とは、そして企業経営とは不思議なものです。あのときもし別の就職先が見つかりこの会社に別れを告げていたら、私の人生も、そして会社も、まったく違う運命をたどることになっていたと思います。

大学を中退し、挫折を経験していた私が、営業の要を失ってお先真っ暗の会社との出会いによって、今も繁栄拡大を続けることができるようになるなど、誰も予想できなかったはずです。

しかし、どん底を知っているからこそ、ここまで来られたのだとも私は考えています。アルバイト上がりで、会社のいいところも悪いところも見尽くしてきたからこそ実践できる経営があるのです。元はまったく会社への思い入れがなかった落ちこぼれ営業マンが、今では誰よりも会社のことを強く思っていると自信をもって言える社長になっています。このような心境で会社の経営を担っている点も、今の経営に大きな影響を及ぼしているのは間違いありません。

少なくとも今言えるのは、正攻法とはいえないほかの会社とはまったく違ったやり方をやってきたからこそ、会社はここまで成長できたということです。私としては、地方の中小企業にはこのやり方しかない、ただ一つの生き残り正攻法だと思っているのですが、周りから見たら異常ともいえる手法だと思います。実際、私たちのやり方は常軌を逸しているという評判を聞くこともあるくらいです。

人手不足、商品力不足、営業力不足、資金力不足、ないものだらけの地方中小企業をよみがえらせるための唯一解を、会社の過去と測量業界の実情を紐解くとともに、これから伝えていきます。

# 第二章

## 昨日まであった仕事が明日にはなくなる⁉

# 測量のデジタル化で、仕事が一変

## 小さな会社ならではの武器

私が入社した1978年当時の会社は、営業力だけでなく人材も資金も乏しくまさに枯渇寸前ではありましたが、小さな組織だからこその意思決定の速さには目を見張るものがありました。新しい技術や設備の話を耳にし、それが会社にとってプラスの効果をもたらすと判断するやいなや、即座に採用する姿勢が企業理念として定着していたのです。

この理念は先代の社長の時代から確立されていたようです。先代の頃の測量というと、そろばんや分度器や計算尺などアナログな用具を駆使し、三角関数だ対数だとつぶやきながら紙にせっせと計算式を書き込み、正確な地図をつくり上げるのが一般的でした。しかし人間の代わりに大量の演算を処理してくれるプログラム卓上計算機が登場するやいなや、社長はいち早く導入を決め、技術者たちを膨大かつ煩雑な計算業務から解放したのです。

そのプログラム卓上計算機の価格は45万円、当時の会社規模と貨幣価値を勘案するとかなり思い切った買い物だったはずです。なにしろデジタルの計算機などまだほとんど見る機会がない時代です。本当に役に立つかどうか、使いこなせるかどうかも分からないものを迷いなく導入するとは、社長の意思決定力の強さを感じさせるエピソードです。

単に新しいもの好きともいえますが、「どこよりも早く導入しどこよりも早く新しい技術を身につける」というスタイルを貫いてきたからこそ、技術進化の著しい測量の世界を生き抜いてこられたのだと思います。

意思決定の速さは中小企業ならではの特徴といえます。大きな組織では新技術や最新設備の導入の提案が現場から上がったとしても、認可が下りるまでに長い時間を要することになります。まず直属の上司の判断、幹部クラスへの上申、そして幹部による会議と、いくつもの関門をくぐり抜けていかなければなりません。少しでも懸念材料があればそれが払拭されるまで決断は先送りされますし、ほかにも現場からいくつもの提案が上申されていれば、優先度を下げられてしまうこともあります。

その点、小規模の企業であれば、一般社員が社長や副社長といった重鎮に直談判することも可能です。自分自身の言葉で直接、提案に込められている思いをぶつけることができるので幹部の心を動かせる可能性は高いですし、短期で提案採用されることもあります。

私の会社の場合、その速さというのがずば抜けているように思います。たとえ高価な買い物であっても、会社の未来に絶対に必要であると判断すれば、躊躇なく購入に踏み切ってきました。資金力に不安のある小さな組織であれば、より性能のいいものが出るまで待とうとか、もう少し安くなるまで様子を見ようとか、社内の経営状況と照らし合わせながら慎重な姿勢を取るのがオーソドックスです。しかしこの方法だと、あとから新技術を習得して営業商材に取り込んでも、すでに市場は埋まりきっていて付け入る隙がなくなってしまうこともあります。資本力が豊かな大手であれば埋まりきった市場にねじ込んでいけるだけの体力をもっていると思いますが、中小企業では挽回はほぼ不可能です。

こういった乗り遅れがないよう、挑戦するなら業界で一番乗りを目指す、というのが私の会社の武器でした。当時から人材投資も惜しまず、技術を使いこなせる人材を積極採用したり育てたりすることにも力を入れていました。

しかし意思決定の速さという武器は諸刃の剣でもあります。新しい技術や設備が本当に世の中のニーズを満たしているものなのか、その実証がされていません。つまり無用の長物となり、莫大な投資金をドブに捨てるようなことにもなり得るわけです。

このようなリスクもあるわけですから、組織のトップとしての先見の明は必須ですが、多少なりとも運も味方して、創業者である初代の社長はこの理念を貫き経営を続けてきたようにも思います。

## 航空測量を県内でいち早く導入

リスクを承知のうえで、社運を賭けたといってもいい迅速な意思決定が、私の入社より少し前に下されていました。

当時の実質的トップが不在となり、外部から人材を招きつつ組織の一新を急いだことで会社は再スタートを切ったわけですが、商品力や技術力は弱く、他社と差別化できる強みがありませんでした。このままではとても同業他社に及ばず、これまでとは違ったことにチャレンジしなければ、会社の未来は確実に先細りしていくだけです。

そこで当時の経営陣は大きな決断を下すことになります。地上測量だけでなく、新たに航空測量へと事業を広げることにしたのです。

東京の航空測量会社を退社し、新潟で航空測量事業を立ち上げていた人材に声をかけ、その代表者を副社長とした新体制を発足しました。そして1975年7月に社名を変更し、航空測量を中心とした経営指針を打ち出しました。当時、新潟県内で航空測量ができる会社はなく、まさしく県内航空測量のパイオニアとなったのです。

しかし上空から測量する新しい技術を導入するわけですから、設備投資費も莫大です。セスナ機を擁する航空会社と提携を結び、千数百万円の航空カメラも購入して機内に搭載、仕事を受注したら速やかに航空測量が行える体制を築き上げました。

とはいえ、航空測量はいつでも撮影が可能というわけではなく、快晴の日を狙って飛行機を飛ばさないといけませんでした。したがって撮影可能日は1カ月に多くてもせいぜい5日程度、まして新潟は雪が降りますから、冬季に航空測量を行える日は皆無です。そうなると撮影できない期間中、飛行機と航空カメラと専用スタッフを遊ばせておくことになってしまいます。そこで設備を他社に貸し出す形式にし、自社からの撮影依頼がない日には、飛行機は他社の航空測量へ出てもらうようにしました。

航空測量に必要な設備はこれだけではありません。撮影したものを地図へと起こす図化作業が必要となります。そこで当時では技術面で最先端だったカール・ツァイス社製の図化機を購入、その費用は航空カメラと同様、千数百万円を投じています。

航空測量へと事業の幅を広げるため、合計3000万円を超える初期投資です。

1975年当時の、地方の小さな会社ではあり得ない投資額といえます。当時の経営陣の話では、金融機関に融資を要請したところ門前払いだったとのことです。確かに社員十数人、売上は年間1億円に届くかどうか、という実績では融資を断られてしまうのも当然です。それでも幹部らの知り合いの経営者などを頼って方々で頭を下げてなんとか資金調達し、航空測量を本格スタートさせたのが1975年10月のことでした。

当時の測量業界は地上測量の全盛期ともいえましたから、航空測量を取り入れるという決断はまさにギャンブルであり、他社では決して真似できることではありませんでした。

なぜわざわざリスクの高いことにチャレンジするのか、そんな大掛かりな測量は東京の大手がやることだ、地方の公共事業では不要だし発注されるわけがない、などと同業他社からは奇異な目で見られていたと思います。周りの意見もまさにそのとおりで、もし航空測量の需要がなく、社運を賭けて導入した新技術がまったく使い物にならなかったら、会社は大きな負債を抱えたまま倒産へと追い込まれてしまいます。

そんなリスクを覚悟したうえで航空測量に力を注ぐことができたのは、これから航空測量が地上測量を凌駕し測量の仕事の主流になるという業界の未来を、社長ら幹部が予感していたからだと思います。そして航空測量の県内パイオニアとして、どこよりも早く実績と経験を積み上げ、他の追随を許さぬほどの圧倒的スピードで先を行こうと見据えていたからこその、意思決定の速さと思い切りのいい投資姿勢でした。

しかし予感に反して、新事業に進出してしばらくの間、航空測量の仕事を受けることは叶いませんでした。入社後の私も航空測量を一押しの商材として、地上測量と比べてもコストが10分の1で済むことを売り文句に営業をかけてはいましたが、営業先の反応はいまひとつでした。

今でこそ定番の測量技術として認められている航空測量も、当時は県内では知名度ゼロの状態でした。そもそも上空1000メートルから撮影したところで果たして地上測量ほどの精度が担保されるのか、と疑問をもたれるのも無理のない話でした。自社にすでに実績があり、成果を提示できればもっと強気に営業できたと思いますが、すべてがゼロからのスタートです。なかなか新技術に前向きな営業先を見つけることができませんでした。

もしかして航空測量では仕事を取れないのではないか、3000万円というお荷物を背負っただけなのではないか、と社員の誰もが会社の未来を心配していました。

## 道路台帳整備というビッグウェーブの到来

——新潟県長岡市で1億円の航空測量の仕事が発注されたらしい。

そんな驚くべき噂を耳にしたのは、航空測量の新規案件を取れず苦しんでいた最中のことでした。自社で受注する地上測量の案件は、高くても500万円がいいところで、1000万円を超えることなど滅多にありませんでした。そんななかで1億円という超大型案件、しかも航空測量によるものというのですから、私たちはこれこそ好機と考えてさっそく行動に移しました。私と、航空測量に詳しい副社長はすぐに車を走らせて長岡市へ急行し、いったいぜんたいどんな案件が発注されたのかを聞き取りして、「道路台帳整備業務」という、測量業界の未来を揺るがす大事業を知ったのです。

道路台帳とは、道路の位置や長さや幅といった基本事項を登録管理するための帳簿のことです。これを全国規模に一斉整備を始めたのがこの頃で、新潟県内では長岡市が一番手として道路台帳整備業務の発注を行っていました。長岡市全体の航空写真を撮って図化し、台帳の整理をするのですから、そのボリュームから1億円規模になるのもうなずけました。そしてこれに追従するようにして、各市も道路台帳整備のための測量業務の発注準備を始めていたのです。

各市がなぜ急いで道路台帳整備業務に当たったかというと、市役所の管轄である市道の帳簿内容が、国から支給される地方交付税交付金の額を左右するからです。これまで市道の帳簿内容はあいまいなまま登録されているものもあり、正しい集計を基に税金が交付されていない現状が国にとっての懸念事項でした。

しかしいよいよこの問題に本腰を入れた国は、市道の状況を正しく計測し台帳として取りまとめて提出し、根拠とするようにと各市へ通達を出したのです。市道を測定しなければ、満足な地方交付税交付金が支給されなくなってしまうというペナルティ付きでしたから、各市役所は大急ぎで測量業務を発注し始める事態となりました。

これは測量業界にとって大きな追い風です。まして航空測量を扱っている私の会社にとっては大きなアドバンテージとなるはずです。地上測量で市内の市道をちまちま測量していては何日かかるか分かりませんし、人件費がかさみ予算は莫大なものになってしまいます。その点、広範囲で効率よく撮影できる航空測量は道路台帳整備業務にはうってつけです。実際、どの市も航空測量のできる会社を発注先の条件として指定していました。

この大きな波に乗らない手はありません。長岡市に続けと発注される数千万円規模の道路台帳整備業務に、私の会社も名乗りを上げようと試みたわけです。これまで大きな仕事が取れず仕事に対する熱意を失っていた私も、このときばかりは襟を正し必死に営業をかけようと意気込みました。

しかし、ここで大きな問題が立ちはだかりました。道路台帳整備業務では、大きく分けて測量と台帳作成の2つの業務を受注側が担うことになります。測量は本領ですから望むところですが、台帳作成に関してはいっさい経験も知識もありません。どんな工程で進めていくべきかも分からない業務に手を出すべきではないのではないか、これは地方の小さな測量会社が受けられる仕事ではない、というような反対意見が社内から飛び出したのです。

確かにそのとおりで、当時社員数20人にも満たなかった会社が道路台帳整備業務を受注するのは、人材的にも経験的にもリソース不足であることは明らかでした。しかし自社の営業圏内で発注されている航空測量案件を、新潟県外の航空測量大手がすべて受注していくさまをこのまま黙って見過ごすことはできませんでした。

航空測量を実施するということは、いわばその区域の「制空権」を握るようなものです。つまり道路台帳整備業務に伴って撮影した航空写真や各種データを、道路台帳以外の測量案件にも転用できてしまうわけで、その区域の公共事業測量案件をすべて牛耳ってしまうことを意味しています。県内のすべての区域の制空権を他社に握られてしまったら、今後私の会社へ新しい測量業務案件が下りてくることはなくなります。対自治体に限っていえば、空を制するものは測量業界を制するといっても過言ではなかったのです。

このままでは大手に乗っ取られてしまう、二度と仕事が受けられず会社は廃業まっしぐらだ、という危機感は次第に会社全体に広がっていき、絶対に道路台帳整備業務を受注すべきだという意識へと向かっていくようになりました。

そんななかで新潟県全域に営業攻勢をかけていったところ、受注へと漕ぎ着けることができたのが糸魚川《いといがわ》市の道路台帳整備業務でした。競合は大手だらけで当初はまったく脈なしだったのですが、こちらの熱意が伝わったのか、県外の大手ではなく県内の測量会社を支持したかったのか、ともかく入札で指名された際は諸手を挙げて歓喜しました。なにしろその受注額というのが会社の売上の半分ほどを占める大きな案件でしたから、この糸魚川市の案件を落札したことが会社の未来を大きく決定づけたといえます。

しかし事前に懸念したとおり、いざ業務をスタートさせると次々と綻びが表面化していきました。航空測量は問題なく実施できましたが、台帳の作成で何度もつまずくことになったのです。何をどうしていいのやら、知識やノウハウがまったくないのですから、作ってはやり直しの繰り返しです。

そこでまた大きな決断が下されました。膨大な計算処理を必要とする台帳作成に対応するため、当時としては最高峰のスペックをもつコンピュータを導入したのです。さらに測量部隊とは別にコンピュータを扱える技術者を擁し、試行錯誤しながら業務遂行に当たりました。実際、24時間コンピュータが動きっぱなしの日々が何日も続きました。そして悪戦苦闘の末、初めての道路台帳整備業務を遂行することができたのです。

今思えば、この案件が受注できなければ会社は終わっていたかもしれません。半ば見切り発車で、仕事を受けながら知識を付けていくスタイルで走り抜けたからこそ、この伸《の》るか反《そ》るかの土壇場を越えられたといえます。おそらく知識の研鑽にじっくり時間をかけてから仕事を受けようとしても、そのときは大手にほとんど仕事を取られ尽くしていて、道路台帳整備業務の波には乗ることができなかったと思います。意思決定の速さだけはどこにも負けない会社だからこそのファインプレーでした。

綻びだらけのいかに不利な状況でも、死ぬ気でやればなんとかなる――この原体験は私や会社にとって大きな力と自信をもたらしてくれました。一つ経験すればあとは簡単です。この実績を前面に出して営業をかければ大手に引けを取ることなく、絶え間なく道路台帳整備業務を受注することができました。

私としても、まったく脈なしのところから大手を抑え込んで大型案件を取れたことに、大きな達成感と喜びを覚えました。正直なところ、会社の未来を心配して転職先を探している真っ最中だったのですが、この経験をきっかけに測量という仕事の面白さを知り、このままこの会社で仕事を続けていくのも悪くないな、と思うようになっていました。そしてしばらくは道路台帳バブルが続いていくなかで、この会社に身を置き成長させていくことに熱中するようになったのです。

## 競合が参入をためらった航空測量の実際

道路台帳整備業務をきっかけにムーブメントを巻き起こすことになる航空測量ですが、地上測量に比べて効率よくたくさんの測量データを取得できるメリットはあるものの、そこに至るまでの道のりは決して容易なものではありません。ただ天気のいい日にカメラを搭載した飛行機を飛ばして、指定ポイントごとに撮影をすれば終わり、というものでもないのです。

航空測量は1回の飛行で何百枚と撮影します。しかし写真を撮っただけでは、どこの地点を撮影した写真なのかまでは判別できません。そのためには緯度経度や高さといった基本の位置情報が判明している「基準」が、写真に写り込んでいる必要があります。

そこで利用するのが、三角点という国土地理院が各地に埋めた位置情報が記録されている基準点です。これは名前とは裏腹に三角の形をしておらず、地面から上部だけ顔を出している十字の刻まれた四角柱で、三角測量に利用するため三角点という名が付けられています。

この位置情報が周知されている三角点を写真内にとらえて撮影すればいいのですが、なにしろ1辺が20センチ弱の小さなものなので、航空写真では視認することができません。そのため三角点が設置されている現地まで赴いて、写り込みしやすい真っ白な板を三角点の周囲に杭で打ち付けて、三角点の場所を知らせる工程が必要でした。

三角点は険しい山の中に置かれているものもあります。越後山脈をはじめ複数の山地

**三角点**

山脈に囲まれている新潟県は、ほとんどの三角点が山奥にあります。釘やのこぎりや木材、そして測量機器など、重い機材を背負い込み、測量部隊が道なき道を進んで三角点を探すのが日課となりました。

携帯電話のような便利な道具はない時代です。人工衛星がたくさん上空を飛んでいる現代であれば、ＧＰＳ（グローバル・ポジショニング・システム）という便利な機能を使って位置情報を簡単につかむことができますが、当時は地図を手にして尾根や沢の方角を頼りに、あの辺に三角点があるだろう、と見当を付けつつ、一つひとつ三角点探索を行っていきました。ときには道に迷うこともあり、日没に間に合わず、一夜を山の中で過ごした部隊もありました。

そのうえ、念願の三角点を発見できたとしても、乱立する木々の下にあったら、そこに印を付けても航空写真には写りません。しかし行政の保有林ですから、邪魔だからといって木を切り倒すことはできないため、苦し紛れに考案したのが、木の上に登って印を設置するという方法でした。機材一式を背負って木のてっぺんまで登るのは危険かつ至難の業でした。無事に木の上に印を付けたら、三角点からどのくらいの高さにあるかを計測し、のちほど図化する際に補正値として参考にします。

さらに航空写真撮影後に確認したところ、光の反射や何かしらの障壁で、運悪く三角点がうまく写り込んでいない場合もあります。再撮影のために飛行機を押さえるにも費用がかかりますし、まして撮影日和の天気を待つ時間などなく、なんとか現状の撮影写真で測量しなければなりません。

そこで写真の中で目印になるものを探します。例えば山中の写真だと、針葉樹林は真上からの写真でも視認できるので、これを目印にすると決めます。そして再び現地へ歩いて向かい、写真に写っていた針葉樹林を特定し、これが当初の目印である三角点からどれだけの位置にあるかを計測することで位置情報を補正していました。

また、肝心の測量したい部分が光の反射などで写っていないこともあります。このように航空写真では正確に測量できない部分については、これも地上測量にて計測を行い補う必要がありました。

撮影後に待っている図化作業も単純ではありません。道路台帳整備業務の場合、航空写真は何百枚にも上り、これらの写真は互いにオーバーラップ、つまり重複部分ができるように撮られています。この重複している写真を、3Dメガネに似た装置をかけた図化技術者が熱心に覗き込みます。すると高さのある部分が浮き上がって立体的に見えてくるので、XY軸の位置情報だけでなくZ軸の高さ方向も読み取ることができるという寸法です。一枚一枚図化していくわけですから、これも相当に骨の折れる作業です。

このように単に上空から撮影するだけでなく、事前準備や補足の測量などさまざまな労力をかけるのが航空測量です。これらに加えて台帳作成業務もありますから、その全体の規模を想像するだけでも、社員20人に満たない小さな会社が受けるにはあまりにも無謀な仕事だということが分かります。それでも私たちは、測量技術だけでなく体力気力を振り絞って、一丸となって仕事に取り組みました。

県内のほとんどの測量会社が航空測量と道路台帳整備業務に参入しなかったのは、こういったハードルの高い工程がいくつもあったからです。初期費用として数千万円を投じる必要がありましたし、台帳業務も煩雑、発注元の自治体や航空会社との連携も必須です。そしてこの現場の過酷さですから、リスクが勝るため参入をためらってしまうのも無理のない話です。地上測量も十分に需要がありましたから、あえてリスクの高い事業に踏み込む必要はありませんでした。今となって思えば、仕事がなくてもうあとがない、という切羽詰まった状況の会社だったからこそなし得た芸当だったと思います。

県内で他社の参入が少なかったからこそ、私の会社は圧倒的な優位性をもって県内の航空測量会社という立場を確立し、全国大手測量会社にも入札で打ち勝って仕事を次々と受託していくことができました。

## 「陸海空」三刀流で急成長

糸魚川市に続いて上越市、新井市（現在は合併し妙高市）と道路台帳整備業務を受注し、以前の暇をもて余していた毎日が嘘のように社内は活気付き、働き詰めの日々となりました。しかもこれまでの地上測量と比べて金額が1桁も2桁も違うのですから、会社の業績は急上昇です。１９７８年には、当初は絶対に無理と見込んでいた売上目標2億円を見事に達成し、その後も右肩上がりで売上を伸ばすことができました。

道路台帳整備業務を受けられる利点は、その受注額の大きさもありますが、やはり制空権を握れる点は無視できません。道路台帳がきっかけで縁をもった自治体からは、引き続き航空測量写真を活用した業務を継続して受けることが叶いました。また航空測量で取得した県内のデータをセールスポイントにして、県庁に対しても売り込みをかけることができ、県道の道路台帳整備業務を受けるなど、想定以上の大きな相乗効果を得ることができました。

その後も仕事は道路台帳整備業務だけにとどまらず、大規模公共事業の測量にも関わっていきました。1979年の新潟東港工業地帯の造成工事では、航空測量と地上測量の両方を駆使して測量業務を担当しました。この事業もまさに、航空測量を県内でいち早く導入していたからこそ受注できた仕事です。意思決定の速さの恩恵をここでも受けられるかたちとなりました。

さらに1976年に担当した早出川ダムの経験を活かして受注したビッグプロジェクトが、1981年にスタートした奥三面《おくみおもて》ダム建設のための測量業務でした。ダムとして水を湛《たた》える高さ400メートル地点部分に、10メートルおきくらいに杭を打って印を付けていき、位置情報を計測します。それに加えて、湛水《たんすい》敷地内にある国有林を県の所轄へと移管する手続きも担いました。

これまで航空測量の三角点の印付けで山中探索は慣れており、技術だけでなく体力面でも優れた測量部隊がそろっていたのは強みでした。新潟県は雪国ですから、この測量が行えるのはせいぜい6月から10月の5カ月弱といったところです。奥三面ダムが完成したのは20年後の2001年で、長きにわたって関わる一大事業となりました。

さらに1981年には新潟空港滑走路延長工事の測量業務も担当しました。このときはもちろん空港を封鎖するわけにはいかないので、深夜や早朝、あるいは離着陸の合間を縫っての神経を使う測量作業に徹しました。1985年に受注した関越高速自動車道工事の測量も、航空と地上の両面での測量を実施しての大規模な事業となりました。

地上測量や航空測量だけでなく海の測量も受注しています。深浅《しんせん》測量といって、船舶に設置した機器から音波を発信して、水面下の地形や深さを把握する測量法です。こちらも最新技術を導入し、多くの案件を受注することができました。

このように陸海空3つの測量技術を駆使して、ときには複数の技術を混ぜつつ、測量の仕事を受けていきました。そして技術範囲の広さが売りとなり、順調に営業エリアと売上を伸ばしていき、会社の規模も大きくなっていく充実期を迎えたのです。

## 固定資産課税台帳から始まる急速なデジタル化

1978年の初の受注からかれこれ15年以上、道路台帳整備業務は売上の中心となり会社の業績を支えました。最低限、道路台帳整備業務だけでも確保できていれば安泰、といった時期が長年続いたわけですが、年月が経つとさすがに道路台帳も一巡し、自治体から新たな案件が発注されることも少なくなってきました。

それとともに会社の成長も一気に緩やかとなりました。道路拡張に伴う再測量といった道路台帳の維持管理に関する業務は引き続いて発注されましたが、自治体ごとに年間で数百万円程度の予算です。ダム建設や自動車道工事など大規模公共事業を受けてはいるものの、バブル崩壊後の不況の影響もあり、これらだけでは社員数を増やした会社を支えるには心もとなくなっていました。そうして道路台帳の次の大きな波を待つ忍耐の時期がしばらく続いたのです。

待ちに待った次の波がやってきたのは１９９０年代の半ば頃のことでした。各自治体から続々と発注されるようになったのが固定資産課税台帳業務です。これも道路台帳における地方交付税と同様、固定資産税の正確な数字を把握するために行う測量と台帳作成になります。営業先は同じ役所であっても、これまで土木管理課や建設課だったのが税務課へと替わり、まったく新しい取引先から仕事を受けるようになりました。

台帳業務という名目だけでいえば、道路台帳で業務は慣れたものですから、私の会社も十分に対応できるとにらみました。ところがこの新しい台帳業務にはある特別な仕様が追加されていました。成果物を完全デジタルのデータとして納品しなければならなかったのです。

道路台帳までは紙の地図と帳簿を作成して納品するアナログな業務が一般的でした。しかし年々増加していく情報量を整理し効率よく公共業務に活用するため、パソコン上で地図を表現し、それに紐づいた情報を手際よく取り扱える環境づくりが各自治体から求められるようになったのです。私たちは固定資産課税台帳作成と同時に、デジタル化へ一気に対応する必要に迫られてしまいました。

行政側のイメージはこういうものです。パソコン画面上に正確な地図が表現され、土地や建物をマウスでクリックすれば、所有者名や面積、用途（地目）などが確認できる――そのような仕様のシステム構築を、測量会社側が地図作成と並行して行う技術力が要求されました。

このような地図をベースにしたシステムを地理情報システム、ＧＩＳといいます。現在の私たちの生活に身近なものでいえばＧｏｏｇｌｅマップがまさにこれです。画面上の地図にはいくつもの情報がちりばめられていて、例えばカフェをクリックすれば営業時間やルートや電話番号などの情報が出てきます。さらには店舗の写真やレビューなど、その情報量は計り知れないほど莫大なものとなっています。

当時はもちろんＧｏｏｇｌｅマップなど存在せず、ＩＴという言葉がようやく世に浸透し始めたくらいの時代です。デジタル地図にさまざまな情報が紐づけられているのは今では当たり前の機能ですが、当時は非常に画期的な取り組みでした。

私の会社はパソコンを使った図化作業を行ってはいましたが、システム開発業者ではありませんし、測量技術には長けていてもシステム開発の技術などありはしません。

しかし競合の大手測量会社は、豊富なリソースを活かして速やかに台帳のＩＴ化に適応していました。システム会社と連携するなどして、新潟市の10億円規模の固定資産税台帳をはじめ、自治体のＧＩＳ事業を次々と受注していったのです。

この状況に焦らないわけがありません。この事業を受注するということは、当然のように航空測量も受注サイドが受け持つわけで、重要な制空権を取られてしまうことになります。しかも固定資産課税台帳業務では、最長でも3年に1回は撮影をし直す業務も担うことになるので、一度仕事が取れれば継続的に大きな仕事を取れることになります。つまり、ＧＩＳ事業をすべて他社に取られてしまったら、私の会社が航空測量の仕事を受けることはほとんどできなくなってしまうのです。それこそこれまで取ってきた道路台帳の仕事も、固定資産税で制空権を取った会社にもっていかれてしまう可能性だってあります。

もはや航空測量の技術は各社横並び、成果物にたいして違いはありません。１９９０年代半ばからは、台帳作成とＧＩＳ構築が、測量会社が公共事業を受注するための競争の源泉になっていました。

まさにここが生死の境目でした。まったく未知の領域である新技術に対応し測量とセットで販売できる力をもたなければ、いずれ仕事はなくなってしまいます。だとすれば選ぶべき道は一つしかありません。当時、営業次長だった私は社長に、ＧＩＳ事業部立ち上げを提案したのです。

## 100パーセント直営にこだわったGIS事業

　しかしGIS事業部の設立は社内でかなり物議を醸しました。私の会社は測量を専門にここまで成長してきた会社です。システム構築を担うIT専門部隊をつくるなんて測量会社のすることではない、という反対意見が出るのも当然の話でした。

　加えて固定資産税に関するシステムを組むわけですから、個人情報もたくさん扱うことになります。セキュリティにも相当に気を使う作業になりますし、もし漏洩させてしまったら会社の信頼をどん底にまで突き落とす事態にもなりかねません。

　またIT分野での新技術への挑戦はハイリスクの割に見返りが小さい、という声も出ていました。固定資産課税台帳業務を受けるのはいいが、システム面は他社に外注するのが無難ではないか、という意見が大半を占めたのです。

　しかし私は、GIS事業はあくまで内製とする100パーセントの直営にこだわりました。その理由の一つは、今後も固定資産課税台帳業務のようにデジタルのシステムと紐づいた事業の発注が自治体から次々と出てくることを予感していたからです。現場へ赴いて測量をして社内の図化機で地図を作成し納品するという、アナログな時代は終わりを告げていました。これからは測量したデータを整理し加工し、使いやすい環境に格納する技術が要求されていくのは間違いなかったのです。

今後もそのようなデジタルと隣り合わせの業務が発注されるたびに外注のシステム会社に委託していては、お金も時間も余計にかかってしまいます。一方で今すぐにでもＧＩＳ事業部を立ち上げて内製に着手していれば、それら余計な外注コストはずっとゼロで済むわけです。ですから、様子を見てから内製に挑戦するのではなく、どこよりも先にＧＩＳ事業部を立ち上げるべきだと主張しました。

さらにもう一つ、１００パーセント直営にこだわった理由は、他社との明確な差別化を図るためでした。もし外注するとしたら、発注者である自治体からシステム変更の注文を受けるたびに、いちいち外注先に取り次ぐ必要が出てきます。インターネットインフラが整っていなかった当時は、システムを改築するには自治体のサーバーまで物理的に駆けつけないといけませんでした。よって連絡を受けた外注のシステム会社はスケジュールを組んで後日、発注者のところへ向かうのが定番となります。

そうなると緊急の対応が必要になったとしても、タイムラグが生じ発注者を待たせることになってしまいます。これでは発注者に不満が残るかたちとなり、仕事を受注した測量会社の評判も落ちてしまいます。

GIS事業に参入した多くの測量会社は外注でシステムを組んでいるので、この程度の対応力が限界となっているはずです。そこで私の会社では内製に徹することで、社内の技術者がすぐに駆けつけられるような体制を築くことを目指しました。迅速な対応力を武器にして、他社と大きく違うところを見せつけたかったのです。

このようなGIS事業部への期待とメリットを訴え続け、1994年、晴れて設立が実現しました。やらないと沈んでいくだけなのだからやるしかない、道路台帳も手探りのなかでなんとかやっていけたのだから必ずうまくいく――道路台帳整備業務の原体験と会社の根底にある理念を頼りにして、システムのシの字も分かっていないような人間たちが集って、ついにGIS事業部は産声を上げました。

立ち上げ直後は、営業部にいたコンピュータに明るい人間を責任者にし、事業部員は4人という編成でした。設備投資にも力を入れ、当時としてはスペックの高いパーソナルコンピュータを数台導入しました。システムとは何なのか、プログラムはどうやったら組めるのか、地図を画面に表示させることなど本当にできるのか、というレベルからのスタートでした。

しかし測量と台帳業務に関しては自信がありましたし、何より自社内でシステムを組んでいる点は自治体にとっても魅力に映ります。その狙いは当たり、100パーセント直営なのでシステムを外注している他社よりも対応は早いです、という売り文句は自治体に強力にアピールできるポイントでした。

ほどなくして、西蒲原郡巻町《にしかんばらぐんまきまち》（現在は新潟市へ編入）の固定資産課税台帳業務を受注することができました。やはり他社に先駆けて開始したことで信用が付き、勢いが増します。道路台帳整備業務も受注した糸魚川市、そして六日町（現在は合併し南魚沼市）など、立て続けに固定資産課税台帳業務の仕事を受注することができました。

またこの時期に社名を現在の社名へと変更しました。単なる航空測量の会社というイメージを飛び出して、測量に関わるさまざまな革新的技術を取り入れ実践していく会社への転身の強い想いを社名のなかに込めました。その具現化ともいえる第1弾が固定資産課税台帳業務とＧＩＳであり、当初は本当にできるのか半信半疑のスタートでしたが、社員の頑張りによって事業を軌道に乗せることができました。

その後もＧＩＳ事業への投資は積極的に行っていきました。特に重点的に行ったのが人材への投資で、就職情報誌や就職フェアなどを通じて、東京などの主要都市からＵターンやＩターンＩＴ人材を採用し部署を強化していきました。１９９６年以降は営業職や測量技術職だけでなく、今でいうところのシステムエンジニアが即戦力として入社するようにもなっています。ＩＴ技術者のいる地方の測量会社というのは、全国を探しても当時はかなり珍しかったはずです。

そして１９９９年、自社にとってまさにイノベーションとなる出来事が起こりました。億単位の大仕事である秋田県道路ＧＩＳ事業の指名競争入札に参加したのですが、競合にはＮＴＴやＮＥＣといった、システム畑の国内超一流企業が名を連ねていました。これだけの大御所がそろっているのだから負けてもともと、という気概で挑戦した案件だったのですが、なんと他社を押しのけて受注を勝ち取ることができたのです。指名の決め手となったのは、東京に本社を置く競合よりも近しい存在であったこと、そして何よりも１００パーセント直営でシステム構築に対応している点でした。

測量専門の会社以外からの入札参入に当初は恐怖すら抱いていたわけですが、この出来事は私たちに、今後もＧＩＳで大きな仕事を取っていくことができるという自信と誇りをもたらしてくれました。しかもこの秋田県の案件は災害時に関するデータのシステム構築で、固定資産税とはまた違ったＧＩＳの派生的システムでした。私が新事業部設立時に予感したとおり、やはり自治体からのさまざまな領域でのデジタル化需要が急速に高まっていきました。どこよりも早くＧＩＳ事業に名乗りを上げた大胆戦略が、この時期から大きな実を結んでいくことになったのです。

## リスクを取り、先行投資でつかんだチャンス

私が入社した直後の１９７０年代半ばから始まり、デジタル化が急速に進んでいく２０００年頃まで、さまざまな紆余曲折を経ながらも会社は成長してきました。

思えば生き残れるかどうかスレスレの、大きなリスクのなかでなんとか首の皮一枚つながるといった経験の連続でした。多額の借金を背負って参入した航空測量事業へのチャレンジで会社は息を吹き返し、前例のないＧＩＳ事業部の立ち上げで事業領域を大幅に広げ、測量ではなくＩＴ技術で勝負する武器を手に入れ、結果、大手にも負けない経営体制を築き上げることができたことが、この25年間での会社の成長を物語っています。

結果から見ればすばらしい業績であり誇らしく思えますが、その当時は決してこのような未来を予感しての決断ではありませんでした。むしろ、やらないと潰れてしまうという危機感や、必要に迫られて仕方なくやっている、という傾向が強かったといえます。航空測量とセットで台帳整備業務が要求されているから、仕方なく台帳の勉強をしました。固定資産課税台帳業務の発注書に、測量に加えてシステム構築できる会社だけ受注可能と書かれているから、仕方なくＧＩＳ事業に参入しました。このように、むしろ嫌々といった心境での測量分野外への進出だったわけです。

そしてその勝敗を分けたのは、持ち前の意思決定の速さでした。どこよりも早く専門外の領域へ手を出したことが、今も航空測量やＧＩＳの第一線で活躍できている要因となっていることは間違いありません。

測量技術とＧＩＳ技術を蓄積し、測量業界で揺るぎない地位を築いたようにも見える私の会社ではありましたが、実のところまだまだ課題は山積みであり、安心などしていられませんでした。

私たちのように公共事業の受注を経営の柱としている測量会社というのは、国の政策や自治体の方針によっていい時期と悪い時期がくっきりと分かれていきます。ダムをつくる、道路をつくるとなれば、そのたびに新しい測量の仕事が発注され、必然的に業界内は潤っていきます。国や自治体が公共建設事業に多くの予算を割ける時期はそれで安泰ですが、社会状況次第で逆になる時期も当然あるわけです。

道路台帳にせよ固定資産課税台帳にせよ、これらは各自治体も国からの通達によってある種の義務として仕方なしに着手したものであり、私たちはその恩恵にあずかったようなものでした。いわば台帳バブルだったわけで、それにたまたま乗れたからこその会社の著しい成長劇でもありました。

このような事業がまた新しく国や自治体から湧いてくるという希望的観測だけで経営を

続けるわけにはいきません。固定資産課税台帳業務もいずれ頭打ちとなり、いつ仕事がまったく来なくなるか分かりません。そのときのために、いい時期に、できる限りの対策を取っておくことが肝心だったのです。国や自治体に依存せず、民間企業も顧客として想定した事業展開を考えていくことが、会社にとっての課題の一つとして浮き彫りとなっていました。

また測量業界の特殊な一面として、世界中の最先端技術が次から次へと産み落とされていく、目まぐるしい業界であることも無視できません。測量で使われている技術はいわば軍事技術の平和利用であり、軍が使っていた兵器の仕組みを転用しているものなのです。軍事技術というと各国が自国強化と防衛のため、日夜研究開発に余念がなく、それに追随するようにして測量の技術も日進月歩です。野球でいえば、昨日まで当たり前のように四番打者だった測量技術が、今日になっていきなり2軍落ちしてしまうこともあり得る世界なのです。

ですから測量業界というのは、息つく暇もなく常に新しい技術を追いかけていないと、すぐに社内の技術資産が賞味期限切れになってしまう恐れがあります。当然私たちも例外ではなく常に危機感をもち続ける必要がありました。

技術の話に絡めていうと、この時期から自治体への入札方式に変化が生じていたのも、会社として危機感を覚えずにはいられませんでした。これまではほとんどの発注が指名競争入札で、金額の多寡が受注を左右するといっても過言ではありませんでした。同じ事業に対してより安い予算で入札した会社が仕事を取ることができる、というのが原則として根づいていたのです。ここに私の会社は優位性があり、県内や隣県の事業には物理的に近場であるからこそコストを落とせる強みがありましたし、ＧＩＳを内製にしているからこそ安価なシステム費用を提示することができていました。

しかし国土交通省では１９９４年頃から、プロポーザル方式（企画競争入札）を意識的に採用するようになりました。これは従来のように単純な金額の多寡ではなく、企画の内容をより重点的に評価する方式です。技術責任者の技術力や経験、実際の事業遂行プロセスの内容など細かい項目ごとで採点され、高得点を取った入札会社が契約できるのがプロポーザル方式の特徴です。

そうなると新しい技術を取り入れていける資本力のある大手企業ほど、プロポーザル方式では有利になるといえます。実際プロポーザル方式の入札案件が増えるとともに、入札に参加するための要件もかなり厳しいものになってきていました。地方の発注案件でも、最新鋭の技術を使って取り組める会社のみが入札参加可能、といった案件も多くなっていたのです。これでは新しい技術を取り入れていない地方の中小企業では土俵にすら上がることができません。

このような入札方式の変化の背景もあって、航空測量やＧＩＳ事業で一定の地位を確立できてもなお、まだまだ決して油断はできない状況でした。いい時期だからこそ冷静に業界を見渡して、新しい情報も敏感にキャッチし、リスクを踏まえたうえで先行投資をしていくべきか否か取捨選択していく姿勢が、引き続き肝要となっていました。

このような境遇で生き残っていくには、やはり持ち前の武器である意思決定の速さがものをいいます。当時は営業課長の身でしたが、新しいことへの挑戦を自ら提案し、納得と理解を得られれば速やかに実行へと移せる、理想的な仕事環境のなかにいられました。本当に好きなようにやらせてもらえていたと思います。

会社独自の昔なじみの理念こそが、この会社を生き残らせてきた唯一のすべてであり、このあとの社歴においても重要な武器となっていくのです。

# 第三章

新技術で先行しなければ測量会社は生き残れない

# レーザー測量によるモービル・マッピング・システムの導入

## ピンチを乗り越えるための組織改革

公共事業関連の測量案件を生業としている測量会社にとって、国や自治体の打ち出す政策や方針次第で経営状態が大きく上下する現実には抗いようがありません。私が入社した当時、オイルショックに端を発した節約ムードから各自治体は公共施設の新規建設を手控えたため、新規案件がなかなか取れずに散々苦汁をなめさせられました。

バブル崩壊後の1990年代半ばも、一時的に公共事業が減らされていく向きはありましたが、2000年代に突入する頃には、景気対策として公共事業を積極的に動かしていくべきだという方針が国で固まっており、私たちのような測量会社はバブル崩壊後のダメージを他業界ほどには受けなかったように思っています。

しかし、いつまた国や自治体が政策や方針の大転換を行うか分かりません。道路台帳と固定資産課税台帳ではいい思いをできましたが、内心では行政に突き放される日が来てもおかしくはないという恐怖心も少なからず抱いていたのです。

**図２　公共事業予算額**

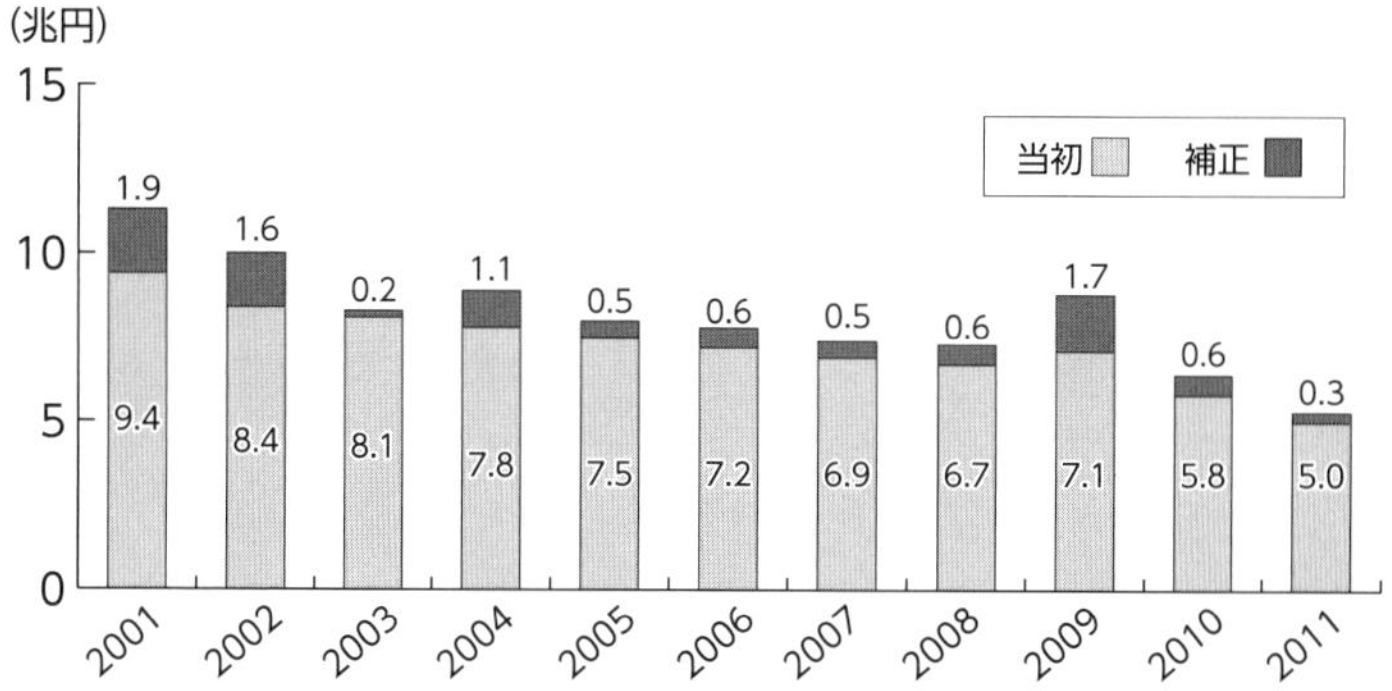


出典：国土交通省「公共事業関係費（政府全体）の推移」

２００９年、第45回衆議院議員総選挙では民主党が３００議席を超える圧倒的大勝を収め、自民党からの歴史的な政権交代を果たすこととなりました。政権が移ったことで新たな政策や方針が発表されたわけですが、そのなかの一つにあったスローガンが「コンクリートから人へ」でした。コンクリートとはつまり公共工事のことで、公共工事費を削減し、人の利益に直接関わってくる社会福祉へお金を回そうという、これまでの国家予算の内訳をひっくり返す新しい財政方針を打ち出したのです。

これにより公共事業に紐づいた工事が激減し、新規案件をまったく受注できない大不況が業界に訪れました。一例として、１９５２年から建設計画が始動していた群馬県八ッ場《やんば》ダムの建設中止が宣言されたニュースは衝撃的でした。工事がストップするということは近隣住民に対する補償を見直す必要がありますし、協力した周辺の都県に対しても還元策を議論しなければなりません。さらには工事を担うはずだった地元の建設会社にとっても大打撃で、向こう数年にわたる売上を確保できるはずだった大きな仕事がなくなるのですから、経営すら危ぶまれる事態に陥るところもあったと思います。

方針転換の影響が全国のそこかしこに及び、建設工事と密接な関係にある測量業界にも過酷な冬が訪れました。会社はここまで順調に成長しており、私も営業部長に就任していましたが、一気にどん底へと突き落とされた気分でした。これまで受注してきた台帳案件などの維持管理費で凌ぐのが精いっぱいで、それでも業績不振は避けられません。

このままでは会社も、そして私の人生もお先真っ暗です。かつて会社の営業力が失われた際に航空測量という新しい測量方法へ進出したように、台帳業務にチャレンジしてGIS事業を立ち上げたように、何か緊急対策を講じる必要がありました。

しかしここでさらに大きな壁にぶつかることになりました。私たち幹部がいろいろと打開策を提案しても、当時の社長は、採算を取れる保証はない、今は新しいことをせずじっと耐えるべきだと、まったく反対の意見で突っぱねてしまうのです。

これまで攻めの姿勢を貫いていた社長でしたが、業界に冬の時代が到来し、いよいよ保守的な姿勢になってしまっていました。もっといってしまえば、高齢の社長はあと数年で現役引退の身でもあり、自分の在任期間だけは無難な経営でやり過ごしたいという考えが見え隠れしていたのです。

そんな防御一辺倒の体制のまま何も対策せずに下向きの経営を続けていたら、社内に新しい技術や経験は蓄えられません。仮に現状維持を貫いて外的要因が推移していき、冬の時代が終わったとしても、次に来る新しい時代への準備を怠っていたために競合各社から取り残されてしまうかもしれないのです。

これではあとに残される社員たちはたまったものではありません。社員が残っていればまだいいほうで、経営難に伴い待遇面も今後悪化していくのは目に見えていましたから、多くの社員が見切りをつけて去ってしまう可能性も考えられます。たとえ冬が終わっても人材がいなければ決して会社に春は来ず、そのときこそが本当の意味で会社が終わりを告げるときとなります。

何より会社の心臓部ともいえる理念である、どこよりも早く新しいものを取り入れる姿勢が薄れてしまうことが、私にとっては大きな懸念でした。この理念があったからこそ、会社は大手の脅威にも負けず劣らず張り合い、ここまで生き残ることができたわけです。ここで理念を殺してしまうような真似はできません。経営状態が不安定であっても、私は新しいことへの挑戦を続けるべきだと感じていました。

そこで会社は大きな決断を下します。本来の理念を取り戻すため、大胆な組織改革を打ち出したのです。現社長は退職し、先代である会長が再度社長に就任し、原点回帰を目指しました。とはいえ新社長も高齢であり、早急に次の社長を指名する必要がありました。そしてそのときに名が挙がったのが私でした。

2010年、私は正式に代表取締役社長に就任しました。何の因果か、アルバイトから会社に仲間入りした私が、入社して30年を経て組織のトップに立つこととなったのです。まさか私が社長になるとは思ってもいませんでした。

## 「アルバイト上がりの社長」だからこその新提案

最初はアルバイトとして入社した私は、営業畑で成果を出し、役員となり、代表取締役社長に就任となりました。30年と少しのサラリーマン時代のなかで、私はいろいろな地点から会社と測量の世界を眺めることができました。元アルバイトが社長になるというのは、地方の中小企業においてはかなり稀有な事例だと思います。

中小企業の多くは同族経営で、社長の子どもがあとを継ぐのが日本ではまだまだ多数派です。いずれ事業を継がせるべく、跡取りを早い時期から重役として登用し、経営者としての資質を磨いていくことに重点を置くはずです。次期社長候補がアルバイトや一般社員の地位に就いている期間などほとんどないと思います。

したがって被雇用者の立場から会社を見つめる機会はあまりありません。ゼロから会社を起こし経営管理能力も営業力も求心力も磨いてきた創業者の初代から、苦労を経験していない子どもへとバトンタッチした途端に企業としての力が弱まっていき、人材が離れていってしまう、そんなケースも中小企業ではよく聞く話です。

組織改革を推進した私が社長になって、さらに会社が傾いたら元も子もありません。これまで地道に社内でキャリアを積んできた私だからこそ実践できる、いくつかの新しい経営施策を打ち立てました。

サラリーマン時代、私が常々不服と感じていたことが給与面でした。地方の会社は東京の大手と比べたら給料が安い、というのは一般的な考え方かもしれません。しかし私の会社は毎年増収増益、この30年で売上を何十倍にも伸ばすめざましい成長を遂げています。にもかかわらず、社員の給料はこの間、役職に応じた増額はあれども全体的にはさほど上がりませんでした。忘年会や新年会など、重役も参加する飲み会で、もっと給料上げてくださいよ、と直談判したこともありましたが、酒の席での話として終わるだけでした。

社員の頑張りが報われていないのではないか、利益は会社だけのものではなく、社員全員のものではないか、私が給料も決められる立場になったらもっと社員に還元できる仕組みにして、さらにやる気を伸ばせる経営にしたい、などという幻想を抱いたことがこれまでも何度かありました。それがこうして実際に社長になったのですからこれを実践しない手はありませんでした。

そこでこれまでブラックボックスになっていた部分をきちんと開示し、会社の利益と社員への還元のバランスを明確化し、業績に連動した社員への還元策を打ち出しました。具体的には、月々の給与とボーナスに加えて決算賞与を新設し、会社の成果に応じて臨時ボーナスを渡すようにしたのです。

成果に応じての還元ですから、その期の利益が小さければ決算賞与は少額しか渡すことができません。社長就任直後は世相の影響で大きな額を提示することはできませんでしたが、ここ4期ほどは結構な額の決算賞与を渡すことができています。

社員には、本当に利益が大きければそれだけ自分たちに還元される、という理解が浸透してきています。これがやる気のエンジンとなり会社の成長の原動力となってくれているのを感じています。より利益を出すにはどうすればいいのかという視点で仕事に向かうようになり、自発的に動き始め、いわば自動的に会社が成長していく仕組みの根源を生み出すことができているのです。

大事なことは、状況を明らかにすることです。1年間でどういった事業に取り組み、どういった成果が出て、結果的に数字としてどれだけの売上や利益となったかを社員の前で報告します。そのうえで、社員への還元がいくらになったのかを発表することで、全員の納得が得られ、会社の明日の糧となるわけです。

ブラックボックス化したままの経営ですと、かつての私がそうであったように、上層部への不信感は拭えませんし、やる気も半減です。サラリーマン時代が長かったからこそこの新しい施策は、会社にとっても社員個々にとっても、かなりプラスのほうへと動いています。

## 技術部門の抜本的見直しで脱・発注機関

私は入社以来、営業一筋で働いてきました。上司からも、坂井は営業だけ考えろ、と命じられており、利益の上がる仕事を取ってくることが最大のミッションでした。ですから30年以上測量会社に勤めていながら、実は測量技術の詳細をほとんど知らなかったのです。

商材である測量機器のスペックは分かっていても、具体的にどういった使い方をするのか、どのようなプロセスで成果物をつくっているのか、それらは技術部門任せでまったく把握していませんでした。

これまでは営業さえできていればそれでよかったのですが、社長になった以上、測量のことはよく知らない、などとは言えません。そこで遅まきながらとにかく測量技術について真剣に調べるようになりました。

社長就任時の社員は120人ほどで、売上は20億円と少しでした。業界比較でいうと、私の会社は売上の多さの割に社員数が少ない傾向でした。測量業界は新しい技術が次々に生まれるので、その都度設備への投資をすることはあっても定例的な仕入れというのはほとんどなく、人件費がかかる経費の多くを占めています。

売上と人件費を比較してみると、どう考えても釣り合っていませんでした。社員数に対してこなしている案件の数が飛び抜けて多い、その割に利益が少ないという事実に気づきました。そして実際に測量技術部の現場を覗いてみて衝撃的な現状を知ったのです。

測量に関する仕事をすべて自社内で完結するのは無理がありましたから、いくつかは協力会社に発注していることは営業の私でもなんとなく把握していました。せいぜい仕事全体の2割から3割程度を外注に任せているのだろうと見込んでいたのですが、蓋を開けてみるとなんと9割が外部委託だと判明したのです。協力会社にも直接、取引事情を聞いたことがあるのですが、私の会社をただの発注機関扱いするような声も出てくるほどでした。20億円の売上のうち、なんとおよそ半分が外注費に充てられていたのです。収支バランスの異常性以前に、これは会社の未来を占ううえで由々しき事態であると実感しました。このまま営業が取ってきた仕事を外へほぼ丸投げしていたら、社員には測量技術が身につきません。日進月歩で進化し続けていく測量技術についていけなくなったら、企業の存在価値そのものが失われてしまいます。発注業務だけでやっていけるほど、この業界は甘くないのです。

GISを担うIT部門は100パーセント直営を貫いていましたが、まさか測量のほうがこのような事態だったとは思いもよりませんでした。私は慌てて技術者を集めて、外注費を30パーセント以内に収めるという、発注機関を脱するためのプランを発令しました。

それに対して、外部委託でもちゃんと事業が回せて利益も出ているのになぜか、と解せない表情の技術者もいました。確かに目の前の業務をこなしていく意味では、社内で遂行しようが社外に任せようが関係はありません。しかし会社の長い繁栄を思えば、できる限り社内でこなして技術を蓄えておくことが望ましいのは明白です。もし外注費を30パーセント以内に収めることができれば、会社にどれだけの利益がもたらされ、社員にどれだけの還元がもたらされるのか、具体的な数字を強調し理解を促しました。

以降、案件ごとに細かく原価を管理するようにし、どれだけの利益を出せたのかを詳細にチェックする体制を敷きました。この大改造には非常に大きな手間と時間がかかりました。もちろん最初は技術も追いついていなければ人材も足りていません。それでも不足しているものを補いつつ、技術部門を根底から立て直していきました。

幸いだったのは、私の会社には本来技術力をもった人材が多数そろっていたことです。しかしその高い技術力を発揮する暇なく、次から次へと発生していく仕事を外部へつなぐことが中心となってしまい、いつからか外注任せの風土が出来上がってしまっていました。それが、もっと技術のほうに振り切っていい、となった途端に技術部門は存分にその手腕を発揮し、技術力を取り戻すことができたのです。

時間はかかりましたが、かつては50パーセント近くあった外注費を、当初の目標であった30パーセント以下にまで落とすことに成功しています。製造原価は改善され、社員一人あたりの生産量も上昇傾向です。そしてその分、社内に残るお金は増えるわけで、社員への還元率も年々引き上げることが叶っています。

こうしてお金だけでなく技術力も社内で蓄積されていきました。これまで仕事を取るのは営業の仕事と考えられ、技術職とは完全に独立していましたが、最近では入札の段階でも技術者がプレゼンターとして参加するようになりました。

案件に対して自社がどういった技術を提供できるのか、これまでの経験でどういった糧を得ているのか、そしてその案件に対してベストな手法は何なのか、など、技術者目線からより説得力の高いプレゼンを提供することで、仕事の受注率の上昇につなげています。プロポーザル形式の入札案件が増えていくなかで、これは非常に大きな意味をもっていました。もし社長就任時に外注費の戦略にテコ入れをせず、社内の測量の技術力を伸ばしていなかったら、プロポーザル形式での入札案件でこれほどのパフォーマンスを発揮することはできませんでした。

そのおかげで今では、「発注機関」だとか「測量の商社」などと揶揄されることもなくなり、胸を張って測量技術の会社だと言い切ることができます。

## 無難経営に走らず積極攻勢

リーマンショックの余波や国の方針転換で発注が少なくなった2010年頃、多くの中小測量会社はなんとかこの冬の時代を乗り越えようと、防御態勢の経営を貫き、既存の取引先との継続案件で耐え忍ぶ時期を過ごしていました。しかし継続案件の維持管理業務は新規案件に比べると実入りが少なく、多くの測量会社の売上が半分以下にまで落ちるという惨状でした。こうなってくると生き残れるか否かは体力勝負であり、体力に乏しい中小の測量会社は倒産へと追い込まれてしまいます。大手の測量会社に吸収されるケースも多々あり、測量業界の勢力図が大きく塗り替えられていったのもこの時期の特色でした。

新しい仕事が発生しなくなってしまったのですから、私の会社も台帳業務の維持管理でなんとか糊口を凌いでいくしかありませんでした。しかし他社のようにじっとしているのではなく、この大寒波到来の大ピンチだからこそ、あえてジタバタしてみよう、攻撃態勢をより強めていこう、と決めていました。

そこで営業エリアを広げ、これまで営業遠征にさえ行ったことのないエリアにも果敢に営業所をつくっていったのです。ほかの測量会社が倒産した影響で手薄になっているエリアもありましたし、吸収合併によって組織内の整備に手間取っている他社の隙を突いた一手ともいえます。まったく仕事が取れないかもしれないハイリスクの采配ではありましたが、結果的にこの判断は功を奏しました。最初は仕事が取れませんでしたが、次第に新しい取引先を得ることができてシェアを拡大できました。

営業エリアを広げるとともにさらに営業職の人数を増強させ、よりくまなく効率よく、営業先を巡回できるような仕組みをつくっていきました。私が営業職を務めていくなかで体得していた仕事の受注率を上げるための最善策は、他社よりも多く営業先を巡り関係を深め、話を引き出していく方法でした。営業先との何気ない会話のなかから新しい仕事の緒をつかんだ経験を何度もしています。

道路台帳整備業務やＧＩＳ事業なども、どこよりも早く情報を手に入れスピード感のある営業展開を意識していたからこそ、他社に先んじて参入し成功を収めることができました。各営業マンは営業先とのコミュニケーションでさまざまな情報を引き出し、月１回の全営業社員会議の場で情報交換し、次に来るかもしれないムーブメントをいち早くつかめるような体制を築いています。逆風に果敢に逆らっていく徹底攻勢営業によって、その後も新しい事業へと積極参入することができ、会社の成長の糧にすることができているのです。

この頃の多くの測量会社は保守的で無難な経営を行っていましたが、この判断こそが命取りになってしまったように感じます。測量業界に限らず、あらゆる業種業態においていえることかもしれませんが、現状維持という方針は企業の実力を劣化させていくものなのです。

自分がトップにいる期間だけはリスクの高いことにはチャレンジしたくない。経済的に厳しい時期は無難な経営でやり過ごしたい。だから現存の売上を出せている事業だけに集中して、リスクの高い商品開発や設備投資、新規事業展開といった攻めの経営はいっさいしない。そんな人物が企業のトップに君臨してしまうことは、会社組織にとっても組織に属する社員にとっても大きな不幸になります。

経営陣が高齢化してくると、特にこのような判断をしがちです。自己保身に走り、安心な道だけを選ぶようになってしまいます。しかしいつまでも同じ商品だけで勝負できるほど市場は甘くありません。技術は進歩しますし、時代によって価値観や需要も大きく動いていきます。自分たちが退く頃には自社商品が陳腐化していても、自分たちさえ逃げ切れれば構わない、そんなスタイルの経営者には愛社精神のかけらも感じられません。

一方で、上層部を数年周期で入れ替えて、新陳代謝を活発にしている企業がいいかというとこれもまた疑問です。大企業ではこのスタイルが多い傾向ですが、短期の就任ではよりいっそう、自分の在任期間だけは無難に過ごそう、という心境に陥りがちです。在任期間に新しい挑戦をした結果、もし失敗して業績を落とすことにでもなったら、責任を問われるのは組織のトップです。そんなリスクを背負うくらいなら、任期の間は見栄えのいい数字が出せるよう既存の事業に集中しよう、という後ろ向きの経営に徹してしまいます。

会社の未来を本気で考える社長であれば、リスクを承知のうえで新しいことに挑戦していくべきです。そしてたとえ失敗したとしても、責任問題云々より、それすらも経験であると会社の成長としてとらえられる、そんな社風を築いていくべきだと思います。

結局のところは、経営陣にどれだけ会社の未来を見据えた視点があるかということです。自身の在任期間だけでなく、10年、50年、100年先も会社が生き残っているためには、今何が本当に必要なのかを突き詰められる資質をもつ人物こそが、経営陣となることが必要なのです。ある程度は改革派で野性味があって、新たな安息の地を求めてリスクを承知で未知未開の地へ踏み込んでいく、そんな柔軟で多角的な姿勢こそが企業の生命力を高めることになると思います。

私も社長に就任した当時にはまずそこを重視していました。私が30年余りを過ごしてきた会社がこの先もずっと生き残っていくには何をすべきか、そこを見誤らずに経営指針を打ち立てていこうと心に決めていました。それゆえの徹底攻勢であり、だからこそ厳しい時期にあっても積極的な姿勢は崩さなかったのです。

## Ｇｏｏｇｌｅはいったい何を始めようとしている？

「Ｇｏｏｇｌｅストリートビュー」という、今ではとてもポピュラーなＧｏｏｇｌｅのサービスが本格的に始動したのもこの頃でした。世界中の道路周辺を３６０度パノラマ写真で閲覧できるという画期的なサービスです。インターネットを利用してちょっとした擬似観光が楽しめます。しかも無料で利用できるのですから、多くのユーザーを驚かせ、とりこにしました。

日本のサービスについては、最初は東京都心などのごく一部だけでした。しかしあれよあれよという間に日本国内の代表的な道路は網羅されていったのですから、まるでＧｏｏｇｌｅの勢いを象徴するようでした。それと同時に私は、このサービスはもしかして測量業界を脅かす存在になるのでは、という漠然とした恐怖を抱いたのです。

Ｇｏｏｇｌｅストリートビューはどうやって撮影していて、どれだけの情報を集積しているのかを詳しく調べてみると、Ｇｏｏｇｌｅカーと呼ばれる３６０度全方向撮影が可能なカメラを搭載した車を走らせて、道路周辺の情報を取得していることが分かりました。

それらを知るにつけ、いったいＧｏｏｇｌｅは何を目的にこんなことをしているのか、このカメラで一定量以上の測量データを取得できて更新も頻繁に行い、このまま無料で提供し続けていくとしたらどうなるのか、と私は困惑してしまいました。さらには、今後このデータを使えば事足りると国や自治体が判断して測量の仕事を発注しなくなってしまうのではないか、などという最悪の未来を想像したりしていました。

だとすれば何かこちらも対抗手段をもっているべきではないか――そう思うが早いか、私は各方面から情報を集めるようになっていました。最新の測量雑誌を読んだり同業者から話を聞いたり、せっせと情報収集するうちに、面白い技術が開発されたという噂を耳にしました。それがＭＭＳ（モービル・マッピング・システム）、車載写真レーザー測量システムでした。

これは車両にＧＰＳアンテナ、レーザースキャナー、デジタルカメラなどの機器を搭載し、走行しながら周辺の建物や道路、ガードレールや標識といった３Ｄ情報が取得できるシス

MMS（モービル・マッピング・システム）搭載車

テムで、精度の高い道路図を作成することが可能です。このレーザースキャナーが優れもので、毎秒数万点ものレーザーを照射し、周辺の3D座標を取得します。そうして取得した点の集合体で表現されるデータを「3D点群データ」といいます。このデータとGPSを活用して得た車両位置情報を紐づけることで、走行した周囲のあらゆる情報を地図情報と連動させながら3Dで視覚化することも可能にしています。

本当にそんな高機能を発揮できる測量機器が登場したのか、と知った当初は半信半疑でした。これこそGoogle以上に脅

3D点群データ

威となる存在で、もし自治体がこのＭＭＳを手に入れてしまえば測量会社は間違いなくお払い箱です。私は測量業界の未来が閉ざされてしまうのを予感しました。

しかし実際のところこの予感は的中しませんでした。レーザースキャナーの精度はすばらしいものの、取得できる情報には限度があったのです。例えば道路が混んでいたら周りの車に遮られてしまうので、欲しい情報すべてをレーザーが取ってくることはできません。交通状況によって、あるいは天気や人通りによっても、データ取得量にばらつきが出てしまうのでした。

要するにこのＭＭＳだけですべての測量

業務を完結させることはできないわけです。後日、足りていない情報を地上測量などで補う必要があり、測量の仕事がゼロになるほどの脅威ではありませんでした。とはいえ測量データの取得効率としては抜群に優れているので、測量会社が採用しない手はないと思いました。

ちなみにMMSに搭載されているGPSは、地球の周りを移動している複数の人工衛星とデータのやり取りをすることで車の位置を計測しています。実は当時、日本のGPSの精度というのはいまひとつでした。かつてのカーナビの機能やスマホのGPS機能を思い出してもらえると分かると思います。データの取得に時間がかかったり、まったく違う場所が画面上のマップに表示されたりする経験は誰にもあるはずです。

日本は山間部が多く平地が少なめで、都市部には高層ビルも多く、障壁の多さから人工衛星とデータのキャッチボールを円滑に行うことが困難でした。ですからMMSを搭載した車を走らせてレーザーでデータを取ることができても、位置情報との紐づけがあいまいになってしまい、使い勝手が悪くなってしまうのが課題でした。

そこで打ち出されたのが、日本で自前の人工衛星を3機以上打ち上げ、いつでもどこでも満足に人工衛星とデータをやり取りでき、位置情報がつかめるようにする計画です。その第1号、準天頂衛星「みちびき」が打ち上げられたのが2010年9月11日でした。これでようやく日本でのGPS機能の精度は保証され、MMSがまともに使えるようになる準備が整ったわけです。私がMMSの存在を知ったのはちょうどその時期であり、日本国内ではリリースしたばかりでした。販売代理店に聞いたところ、日本海側で購入した会社はまだないとのことでしたので、最初に手に入れれば営業的に優位性を保てると確信しました。

## スピード重視でのMMS導入の効果

結局のところ、Googleストリートビューには測量業界を脅かす意図など微塵もなく、一般的なカメラで撮影しつなげた写真サービスに過ぎませんでした。精度のほども測量が提供するそれの足元にも及びませんでした。すべての道路を網羅するほどの人海戦術は展開していないようですし、再撮影の頻度も数年ごととかなり間隔は長めで、測量の仕事を奪うほどの天敵ではなかったのです。

しかしこのサービスが登場したときほど、測量業界と会社の未来を心配した経験もありませんでした。世界を席巻する超大資本企業が測量業界に乗り込んでくるかもしれない、そう思うだけでぞっとします。これまでの競合のほとんどは常に測量会社であり、その実績や技術力は知るところの範囲内でしたから、対抗手段も速やかに講じることができました。しかし完全な異業種だとどんな武器を隠し持っているか分かりません。とんでもない天敵が現れたものだと恐れおののいたものです。

結果的に杞憂に終わりましたが、この恐怖感があればこそ、新しい情報を積極的に取りに行きＭＭＳの存在を知ることができたのですから、ある意味Ｇｏｏｇｌｅには感謝しなければなりません。

しかしＭＭＳの導入を社内会議で伝えた際は、役員にはかなり反対意見が多く、私以外のほぼ全員が導入に消極的だったのです。１億円という高価なものを即決で購入していいものか、もっと議論を重ねるべきではないか、といった意見が飛び交いました。確かに営業的な強みにはなると思ったものの、私自身、具体的にどんな仕事で有効活用できるのか、どこを狙ってＭＭＳを売り込んでいくべきか、そこまで深く考えていませんでした。買うと提案した人物がこうでは、周りが反対するのも無理もない話です。しかしここは例によってスピード勝負、具体的なプランはあとから考えるということで、中小企業ならではの意思決定の速さで購入を決めました。

とはいえ、ＭＭＳの性能を私たちはよく分かっていましたが、営業先にそれを十分に伝えるのは至難の業です。かつて航空測量を各自治体に売り込んだ際もその利点をうまく伝えられず、受注に相当苦労したものでした。実績がないものを売り込まれても、リスクがあるものに対して自治体はなかなか首を縦に振ってはくれません。

従来のやり方で営業先に売り込みをかけても同じ轍を踏むだけです。そこでＭＭＳはまずメディアに売り込む作戦を仕掛けました。日本海側で最初の導入ですから物珍しさは際立っているわけで、さっそく地方紙から取材を受け、さらには夕方の時間帯のテレビ番組でも取り上げてもらえました。この反響は大きく、私の会社がまた何か新しいものを買ったようだ、と興味をもってもらえました。役所の方からも、テレビで紹介されていた新しく導入したあれを見せてほしい、と声をかけてもらえました。

そんな折に、国土交通省からバイパス道路の最高速度引き上げに関する事業がプロポーザル方式入札にて発注されました。時速60㎞制限区域を時速70㎞へ引き上げることを目的としていて、そのためには道路のデータを詳細に取得する必要がありました。これこそまさにMMSの出番ではないかと勇んで入札に参加しました。

なんといっても強みは交通規制をかけず、交通の流れに沿って道路を走らせるだけで測量ができる点です。すでにメディアでも紹介されているものとあって信頼性も担保されており、この新しい手法による測量の提案はポジティブにとらえてもらえて無事に受注することができました。数百万円という規模としては小さな仕事でしたが、MMSの威力を伝えるには十分でした。

この実績を足がかりとして営業展開を仕掛けていったところ、今度は長野県佐久市で道路台帳デジタル化事業が発注されているとの情報をキャッチしました。これも道路の詳細なデータを取得するものであり、プロポーザル方式での入札でした。MMSの性能と実績を盛り込んだプレゼンを行い、ここでも契約することができました。これが2億円の大規模事業で、1億円を超える設備投資を決めた成果が早くも出てきました。

その後MMSによる効率的な道路測量が新しいスタンダードとなり、以降は道路台帳関連事業で測量の仕事を立て続けに受注することができました。新技術を搭載した最新鋭機器は、どうしても最初は高価ですし後発品のほうが性能も良く安価で手に入れやすいものです。そのため社内会議にかけると多くの会社が、もう少し様子を見てみよう、という意見にまとまりがちです。資本に乏しい中小企業だと特にその傾向が強いと思います。

しかし他社の成功を見てから後発で導入しても、すでに実績をもっている他社と競合になったら、最初の仕事を受けるのにかなり苦労するはずです。メディアで真っ先に取り上げてもらい、小さな案件ながら性能をアピールできる機会を得て、しかも社内に経験とノウハウを蓄積できたからこそ、以降もＭＭＳ案件を立て続けに受注できたのだと思います。まさに先行者利益、リスクを覚悟しながらもどこよりも早く導入を決めたからこその結果でした。

## 最悪を想定するペンギン

政権交代による国の急な方針転換、忍耐の時期に持ち前の体力で勢力拡大を狙う大手企業の猛威、そしてGoogleという未知の存在の気配など、社長就任直後は波乱の連続でした。実のところはジタバタしているばかりで勝算も何もないなかでの、新規開拓や新技術への投資だったように思います。リサーチしている時間が惜しいくらいに、常に状況を変えるべく、急いで新しいことへのチャレンジを続けていきました。

とはいえ後先何も考えず、やぶれかぶれの挑戦をしていたわけではありません。私のなかでは一つの思考の軸を頼りにして、次への展開と決断を重ねてきていました。その思考の軸というのが「最悪の想定」です。

例えば事業所を一つ新設する際には、最悪でどれだけの支出を生み出してしまうかを実行前に必ず考えるようにしています。事業所を借りるとして賃料はいくらくらいで、そこへ人材を3人送り込むとしたら人件費はいくらになるのか、必ず事前に算出します。そしていくらの損失が生まれたら撤退するのか、具体的なボーダーを設けてから事業所新設を決断していました。

ＭＭＳ導入の際も同じように最悪を想定していました。導入費用1億円プラス技術者が3人として年間でどれだけの出費があるのか、もしも使い物にならなかったとして彼ら技術者が生み出すはずだった期待売上がどれだけ消失することになるのか、といったそれら合計の出費最悪値が、想定しているボーダーの範囲内で済んでいたからこそ、躊躇なく購入に踏み切ることができたわけです。

これまで最悪の想定をした際にボーダーを超えるリスクが算出されたときは、手を出さないようにしてきました。また事業を走らせている途中であっても、当初に想定していた最悪のボーダーにまで達したら、これもまた躊躇なく撤退をするようにしてきています。意思決定の決断も速ければ撤退の判断も速いのが私の経営方針です。そしてこの判断基準があるからこそ、大きな痛手を負うことなく、ここまで凌いでこられたのだと感じています。

傷がこれ以上深くなる前にやめる、負けを認める能力というのも経営者として重要なものなのです。これを考えている経営者というのは少ないと感じていて、なかなか撤退の決断ができず、もう少しだけ粘ってみようとだらだらと損失を膨らまして経営難に陥っていく企業を、これまでの社長業の付き合いのなかで何度か見てきました。これは当初の段階で、どこまで達したら撤退する、という最悪の想定をしていなかったために招いている悲劇なのです。

私の会社はこれまで新しくて将来性が見込める技術が業界に送り出されるとともに、どこよりも早く参入するようにしてきました。その果敢な姿はさながら、天敵がいるリスクを覚悟で誰よりも早く海へ飛び込んで、誰よりも多く餌にありつく先行者利益を得る、ファーストペンギンのようであると評されることもあります。

しかしこのファーストペンギンももしかしたら、最悪の状況を考えているからこそ、誰よりも早く海へ飛び込む決断を下しているのかもしれません。このまま食糧のない陸で怯えながら過ごしていても全員が飢えて死ぬだけ、どうせ死ぬのであればやれることをやってから、という最悪を想定したうえでの結論があるからこそ、死の恐怖を抱きながらもリスクの海へ果敢に飛び込めるのだと思います。

これまで私の会社の決断と実行、そのいずれもが、やらなかったら死ぬかもしれない、という恐怖や不安から始まったものだったのは間違いありません。この生物本能的な思考があるからこそ、意思決定を迅速にし、ここまで生き残れたのだと今では確信しています。

組織改革を一気に進めた結果、図らずも私は代表取締役となったわけですが、この行動のきっかけというのも最悪を想定したからでした。このまま無難な経営に走って、新しいことに挑戦していく姿勢を失ったら、競合に技術力で負け、仕事が取れなくなり、会社が飢え死にしていくのは目に見えていました。そうならないために、組織改革という大きなリスクを選んだからこその今があります。あとから見るとすばらしい決断であったと評価はできるかもしれませんが、当時は本当にビクビクしながらの行動でした。そんな最悪を想定する臆病なペンギンが、この会社のトップとして日夜奮闘しているのです。

# 第四章

さらなる差別化へ向けて、ソフトウェア開発と
測量データ活用の内製化へ舵を切る

# 測量会社からICTソリューション
# カンパニーへの飛躍

## 需要は地図から地図活用へ

測量技術と双璧をなすようにして、ＩＴ部隊であるＧＩＳ事業部も会社の主力武器として投資と成長を続けてきました。固定資産課税台帳業務を受注するために立ち上げたこの事業部が担う仕事は、下水道台帳や林地台帳、街路灯やＡＥＤ設置箇所の情報まで、自治体が要求するさまざまな需要に応えるべく、多岐にわたるシステムづくりへと領域を広げていきました。

その範疇はＧＩＳ、すなわち地理情報システムの域を超えるものとなっており、地図に関係した情報通信技術全般を扱うレベルにまで到達していました。そこで２００８年には事業部名をＩＣＴセンターと改称し、ＧＩＳだけにとらわれず幅広いシステム構築に対応していく組織づくりを目指してきています。

自治体がこれほど地図情報のデジタル化に力を入れるようになったのは、１９９５年に発生した阪神・淡路大震災での反省があったからでした。行政関連の各機関が保有していた情報を効果的に活かすシステムがなかったために、震災直後の対応において不正確さや対応の鈍さが浮き彫りとなってしまったのです。地盤が緩く二次災害が起きやすい地域や、独力で避難することが困難な要介護者の住んでいる地域など、情報を把握する機関が行政内に存在しながら、混乱した現場のなかではスムーズに引き出すことができませんでした。この点が大きな反省材料となり、改善が急務となったのです。

こうした状況を背景に各機関のもっている情報を整理し、然るべきタイミングで円滑に引き出せるようなシステム構築が急がれました。私の会社では1999年に秋田県の道路情報に関する大規模システムを受注しましたが、これも同じ過ちを繰り返さないための対応策の一環でした。

このような背景もあり、自治体からGIS関連事業の依頼は絶えず、私の会社は着実に技術力を高めていくことができました。今や自治体が求める測量技術は、単なる精度の高い地図づくりだけではありません。これらの地図に紐づいた情報を整理し加工し、使いやすいシステムに収納できる測量会社に仕事が集まるようになったのです。

例えば自治体のもっている紙のデータやエクセルのデータを、一つひとつ打ち込むのではなく、簡単な操作でＧＩＳ上に反映できるような仕組みが要求されることもあります。さらには年々、高いセキュリティを誇り、処理スピードも速いシステムがより喜ばれるようにもなってきています。

単に情報を掲載するだけでなく、ヒートマップで表示したり指定条件でフィルターをかけて表現し直したりできるなど、さまざまな機能の充実も選定基準となってきています。公共事業測量においては、精度の高い測量技術を前提とした、より汎用性が高く効果的なデジタル地図の使い方を提供できる会社こそが生き残れる時代となっています。

## 統合型ＧＩＳサービス事業の本格化

建設管理課は道路管理システム、下水道課は下水道台帳管理システムというように、自治体内の各課で独立したＧＩＳを動かしていると、現場からは新しい需要が生まれてくるようになります。例えば下水道台帳管理システム上で描画されている地図に、道路管理シ

図3　統合型GISの仕組み

著者作成

ステムの保有している道路台帳の地図情報を重ね合わせて業務をする、といったシステム同士の統合が求められるようになりました。このように各課でもっている地図情報を一つに束ねて共有管理し、横断するようにして情報を引き出すことができる、統合型ＧＩＳと呼ばれるプラットフォームづくりへの需要が一気に高まってきたのです。

私の会社では２００３年、統合型ＧＩＳ事業へ本格的に参入し、独自のプラットフォームを開発しました。パソコン端末同士がネットワークでつながっている環境下において同じＧＩＳが使える仕組みであり、それこそＧｏｏｇｌｅマップを利用するようにして、自治体の管理している地図情報のなかから必要なものだけを引き出し、画面上に表現できるような統合システムを構築していきました。

統合型となると扱う情報はより膨大となり、同時にアクセスするユーザーの数も増えていきます。いかに迅速に欲しい情報を引き出せるかも統合型ＧＩＳの評価の大きな分かれ目となっています。測量された地図データが正確であってもシステムに綻びがあれば、自治体は別の測量会社へ事業を移行させてしまう可能性があります。システムのユーザビリティがより競争力を生み出す根源となっていったのです。

２００３年以降、新潟県内では次々に統合型ＧＩＳの導入業務が発注されました。市町村合併に伴い、庁内の地図情報を統合しようという動きが加速したからです。その多くはプロポーザル方式での入札による発注でしたが、システムの性能、軽いフットワークをもつ地元性、地域の実情を反映した高い提案力が評価され、参加した案件のほとんどを受注することができました。そして現在、新潟県内にとどまらず、東日本を中心に多くの導入実績を誇る主力サービスの一つとなっています。

２０１２年にはＧＩＳのクラウドサービスを開始しました。高いセキュリティ技術をもった地方自治体専用のネットワークが開発され、クラウド環境で地図情報を閲覧できる環境が整えられたのです。おりしも多くの自治体では職員削減によるシステム管理者の負担増が懸念されていましたので、サーバー管理を省力化できるクラウドサービスの導入は非常に歓迎されました。

このようにニーズが動いていくと、ＧＩＳ事業を１００パーセント直営している強みが薄れてきてしまいます。本来は各自治体のサーバーまで駆けつけてシステム改良するのがＧＩＳ事業の肝となっていました。地元にシステム開発部を抱えている私たちの会社は、問題があればすぐに駆けつけられる地理的優位性があるからこそ、大手競合に打ち勝つことができていたのです。しかしクラウドサーバーの時代になってしまっては物理的な距離は関係なくなるわけで、その優位性は崩れてしまいます。

自治体の統合型ＧＩＳは5年ごとにシステムの更新を行うのが主流です。プロポーザル方式での入札を行うことになり、もし自社システムよりも優れたシステムを提案する競合が出てくれば、自社の強みが薄れてきている以上、あっさり仕事を取られてしまう可能性もあります。

ただしシステムの乗り換えには移行費用がかかるので、継続契約をベースに予算を組める私たちが有利ともいえます。他社が移行費用を計上する一方で、予算面で余裕のある私たちはより機能を充実させたシステムを提案し対抗する手段もあります。しかし、ときには移行費用は自社負担覚悟で競える予算額を提示し、維持管理で回収していく中長期作戦で競争に参加する競合もあります。統合型ＧＩＳが公共事業測量の心臓部ともいえる存在になっている昨今では、この辺の駆け引きはよりいっそう激化しています。

しかしこちらも地元特化型の測量の老舗として、そしてＧＩＳをいち早く内製にて立ち上げた会社としての優位性もあります。ＧＩＳを構築するためのエンジンにはいくつか種類があり、代表的なものとしては「ＡｒｃＧＩＳ」があります。私の会社でも利用していますが、世界規模でデファクトスタンダードといわれる製品です。また同じく、私の会社で主に使用しているエンジン「ＳＩＳ」はＣＡＤと呼ばれる設計図をコンピュータ上で作成できるツールをつくっている会社が開発していて、ＣＡＤ由来ならではの制御ができる点が売りです。

このＳＩＳだからこそ表現できるシステム、そして価格設定というものがあり、このエンジン環境下で開発しているからこそ提示できる価値と質のバランスというものもあります。各種システムとの連携といった高い拡張性や、あらゆる業務に対応できるバラエティ性、顧客の要求に柔軟に応じることのできるカスタマイズ性など、独自のシステムづくりでほかにはない価値提供を探っていくことで、選ばれ続ける存在であり続けることが可能なのです。

## 測量を飛び出して、ユーザー需要を満たしたソフトウェア

このようにＧＩＳに対してはシステム環境とネットワーク技術の進化に伴って、次々と新しいニーズが生まれており、私の会社はその要望に応えるべく、日々新しいソフトウェア開発に勤しんでいます。例えば住民公開型ＧＩＳは、自治体のニーズに応えて近年さまざまな自治体で実施されている住民サービスの一つです。

統合型ＧＩＳに蓄積されている地図情報データのうち、住民にも活用してもらいたいも

図４　住民公開型 GIS

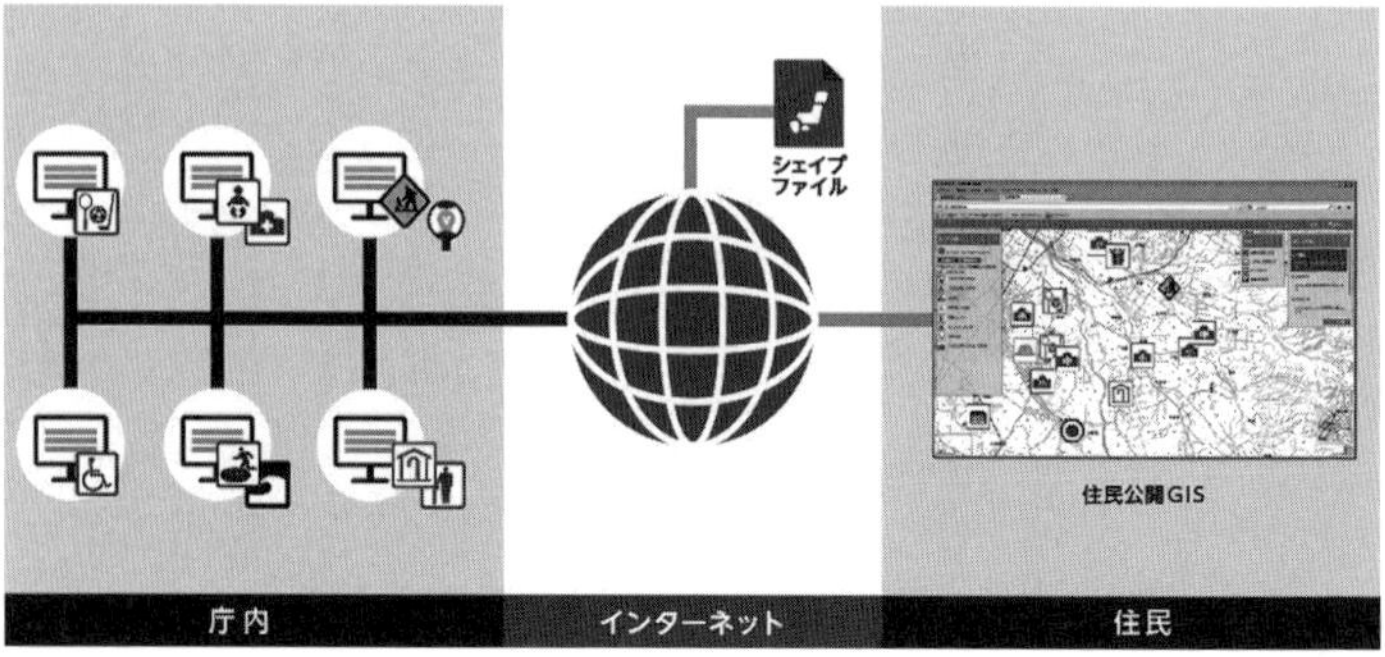


著者作成

のだけを選別してウェブ上で公開しているのが住民公開型ＧＩＳになります。例えば事故が多発している場所がヒートマップ上で一目で確認できるＧＩＳが公開されれば、住民にとって引っ越し先の検討材料や、通勤通学コースや散歩コースを決めるうえでの参考にすることができます。ほかにも大雨のときに浸水が想定される区域を表示するなどの災害関連の情報や、幼稚園や図書館といった公共施設など、最新の情報を掲載していくことで住民たちの生活の質向上が期待できます。

　自治体には私たちが思っている以上にたくさんの情報が集積されています。これまで情報の効果的な活用の方法が確立されていなかったために、幅広く公開することができず書庫やパソコンのなかに長く眠らせたままでいました。しかしＧＩＳが使いやすくなりインターネットが普及したことで、これからよりいっそう、住民が活用できる情報が公開されていくと思います。そのような未来に備えて、閲覧する住民たちにとってもスムーズで見やすいＧＩＳづくりを目指すのも私たちの使命となっています。

ＧＩＳの派生版として自社開発したソフトウェアのなかでも特に注目度が高まっているのが除雪集計システムです。新潟の冬はとにかく雪が積もりますから、街中をたくさんの除雪車が走り除雪作業を行うことになります。除雪車にＧＰＳ端末を搭載して位置情報や稼働時間などを取得したうえで、これらの膨大な情報を分析することで、自治体が除雪業者に支払う稼働費をほぼ自動で出力できるソフトウェアを開発しました。加えて、除雪車の位置をリアルタイムで確認できるので、住民からの苦情にも迅速に対応できる環境を築くことができています。

またこの除雪車情報は住民公開型ＧＩＳと同じ要領でウェブサイト上で公開しており、住民が自宅周辺の道路が除雪される時間をあらかじめ把握することも可能となっています。さらに自治体が保有している空き家情報や要支援者情報などを取り込むことで、より安全かつ効率的に除雪作業を行うための計画支援を行うソフトウェアも開発しています。

これら除雪関連システムはＧＩＳの副産物のようなかたちで出来上がったものですがおおむね好評で、東北や北海道など多くの自治体で採用されています。もともとは営業マンが営業先で聞いた、こういうシステムあったらうれしいんだけど、という声を反映するかたちでできたものです。まさに豪雪地帯に本社をおく会社だからこそ理解でき、つくることのできたシステムであり、東京に本社のある大手ではなかなか発想することのできない独自性の高いソフトウェアとなっています。

このような領域にまで手を広げていると、私の会社は測量会社とソフトウェア会社の2社を経営しているのに近いのだと感じます。いずれのソフトウェアにしても、精度の高い測量があってこその高品質な製品を提供できているわけです。両者の技術力が高められていなければ、ここまで多くの要望に応えられるまでには至れなかったと思います。長く積み上げてきた測量の歴史あってこその、測量とＩＴを担う現在のポジションです。このように地図情報と紐づいてつくれる、ユーザーの要望に応えた便利なソフトウェア開発にも、数多くチャレンジしていけるのが私の会社の大きな強みとなっています。

## 3D測量の現在地

レーザースキャナーを搭載し、道路周辺の空間情報を効率よく取得できるMMSを導入して以降、次世代の測量技術として市場が大いに成熟していくと予想されるのが、3D測量の分野です。細かく速いレーザーを大量に照射することで、360度全方向の点群データ情報を取得できるのがレーザー測量の魅力です。また取得した点群データを集積することで3D空間をコンピュータ上に描画できるのも、測量データ活用のうえでは非常に価値を感じることができます。

MMS導入直後はまだその将来性、どのような活用の仕方ができるのかも見えていませんでした。そもそもその情報量の多さゆえに、もて余し気味というか、どうやって情報を処理し製品として世に送り出すべきか、最適なアイデアが思いつかなかったほどです。当時は単なる時短測量技術として活用していたわけですが、3D的な詳細データは不使用のままという、非常にもったいない使い方をしていました。

しかし地形情報の把握、コンピュータ上でのシミュレーション、視覚的な効果といった意味では、3Dほど便利で使い勝手のいいものもありません。情報処理技術に限界があった、レーザースキャナー誕生以前の時代では諦めるしかなかったことも、近年の技術進歩のおかげで、3Dデータとそれに紐づいた情報の管理や取り扱いについて新しい方法が生まれるようになっています。また国土交通省が推進するインフラ分野のDX（デジタルトランスフォーメーション）の基盤として、3Dデータ活用環境の整備が求められている点からも、3D測量の市場は今後ますます過熱していくことが予測されます。

MMSと同時期の2010年頃に導入したのが地上レーザースキャナーでした。測量したい場所に設置するだけで、高精度かつスピーディーに3D点群データを取得することができます。遺跡調査でレーザースキャナーを使っているのをテレビで見た社員が、これは測量にも使えるのではないかと私に提案してくれたのをきっかけに導入を決めました。当時の公共事業測量では作業規程としてレーザースキャナーを使った測量は認められていませんでした。しかしいずれはその精度が認められ、測量のトレンドになっていく流れが十分に予想できました。性能のいい悪いは抜きに、導入するなら県内で最速でいこうと迷わず購入したことが、その後の会社の方針を決定づけました。

ＭＭＳや地上レーザースキャナーのすごさを確信した当時、いくつかの自治体で営業デモンストレーションを頻繁に行い、印象づけを徹底しました。今では地上レーザースキャナーも公共事業測量の公式手法の一つとして確立されており、初期からその可能性を感じて商品アピールをしていた私の会社は、３Ｄ測量に強い会社というイメージがすでに定着しており、競合に比べて優位な立場を築くことができています。

さらに２０１３年に新たなレーザー機能搭載の測量機器として航空レーザースキャナーを導入しました。航空機から地上へ向けてレーザーを照射し、地上から反射して得られる距離と、航空機のＧＰＳ位置情報から、地盤の標高や地物の形状を細かな点群として把握し、３Ｄデータを取得することができます。これにより広範囲にわたる地域の３Ｄ空間の仮想表現がいよいよ現実的となりました。

また、従来のカメラによる航空測量だと光の反射によって視認が困難となり、図化作業ができないことが多々ありました。特に米どころの新潟は水田地帯が多いため、水を張った春以降の時期だと航空測量は光の反射がそこかしこで発生し、撮影に適さなくなってしまいます。この点、航空レーザースキャナーであれば問題なくデータを取得することができるので、長いシーズンでデータ取得できるのは大きな魅力です。

加えて、レーザーはさまざまな方向へ照射されるため、木々の隙間などの狭い空間を縫って地面にまで届けることが可能です。よって目視では木々に阻まれて確認することができない道路の形状なども、レーザースキャナーなら高い精度で計測することができます。

ダムや海など水面下の3D測量にはマルチビーム測深機を主に用いています。船に装着したソナーから扇状に発振した超音波ビームの反射波を受信することで、水深や形状を把握することができます。船には動揺センサーが搭載されており、船の揺れ具合も計測し補正を行うことでより正確な測量を可能にしています。

これら飛行機や船が届かない場所、地上レーザースキャナーの設置が困難な場所については、ドローンを使った3D測量という手段があります。急傾斜で人が踏み入りにくい場所の地形調査にはもってこいですし、被災地の災害状況を把握する際にもドローン測量は大きな役割を担ってくれるはずです。

人間が測量機器を背負って、歩行しながら3Dデータを取得する方法もあります。

SLAM（Simultaneous Localization and Mapping）といって、普通の歩行速度で動きつつ計測すれば周辺の空間情報を高精度で計測できます。各地点に地上レーザースキャナーを設置して計測する手間がありませんし、街中などであれば人の流れを邪魔することなく計測することができます。

これら3D測量の特筆すべき最大のポイントとは、取得した点群データの一点一点にたくさんの情報を詰め込むことができることです。そしてそれらの点が何百万、何千万と点在しているのですから、全体の情報量はすさまじい量となります。

しかしこれらの全情報量を保存し管理するとなると、相応の管理維持費がかかってしまうことになります。ですから3Dのデータにどれだけの情報を載せていくかが、今後行政規模で3D情報をより効果的に活用していくうえで焦点となることは間違いありません。3Dの地図は視覚的に優れており、住民サービスの一つとしてはすばらしいものですが、こういった点からまだ自治体としてもそこまで前向きにはなれず、様子見の状態となっています。

国規模としては、国土交通省が2020年より、まちづくりDXの一環として全国の都市を3Dモデル化する「Project PLATEAU（プラトー）」というプロジェクトをスタートさせています。しかしこのプロジェクトにおいても、どれだけの詳細な情報を3D地図に反映させて公開するのかが議論の的となっています。なるべく詳しい情報を網羅していきたいがかなりのコストがかかってしまう、またユーザー側も通信量や通信スピードで不満を感じてしまう可能性がある——そんなジレンマのなかにあるのが公共事業における3D測量の現在地です。

3D測量の世界が今後どのような発展を遂げていくのかは楽しみの一つです。私の会社も3D測量の先駆けとして、さまざまな切り口からアプローチしていきたいと思っています。もちろん3D測量の最新機器が開発されるたび、持ち前の意思決定の速さで最新版を取り入れていく姿勢も貫いていきます。

## プラント3D計測で企業の施設管理を支援

GISと3D測量、社内で培われてきた2つの技術の集大成として、今後市場の活性化を見込んでいるのがプラントにおける計測と保守管理です。

発電所や処理場や工場といった大規模プラント施設を3D測量で精密に測定し、GISを用いて可視化してさまざまな用途に活用していきます。デジタルツインといって、仮想空間に現実の空間を表現し、シミュレーションを行えることがこのシステム最大の特徴です。

例えばプラント建設時の古い設計図を頼りに新しいパイプを追加する配管工事を行ったところ、図には載っていなかった想定外のパイプが邪魔をして、設置ができず工事がやり直しとなった、というトラブル事例はプラント施設ではよく発生するのだと聞きます。設計図に描かれていることと、実際の工事で出来上がったものとでは、数センチの誤差が出ることもしばしばあるそうです。しかしこの数センチの誤差があだとなり、設計書を更新しなかったことでのちのちのトラブルを招いてしまうわけです。

このようなトラブルを避けるには実際のプラント施設をデータ化してしまうのがいちばんです。まず3D測量で取得した情報を基に、プラント内部の全景を仮想空間へと描き起こします。そして事前にパイプの配置シミュレーションを仮想空間を使って行うことで、再工事のロスを避けることができます。そのほか新しい設備の導入時や、既存のものを外して新しいものを付ける補修工事といったシミュレーションにおいても、３Ｄ仮想空間が大いに役立ちます。

公共事業に関しては維持管理費の予算面から、実践的な取り組みは目下模索中という３Ｄデータの効果的活用ですが、民間企業においてはこういったメリットが大きいため、導入を検討している企業が増えています。私の会社のプラント測量事業では、専用の機材としてプラントレーザーを導入しており、施設内の配管や機械設備などの３Ｄ点群データを細かく取得しています。

また施設外部分は航空測量で上空から敷地を測量し、細かい箇所はドローンを利用するなど、施設内外すべてを計測する技術ももっています。そしてＧＩＳの開発経験を活かした、パソコンやタブレットの端末上で維持管理できるようなシステム構築も民間企業に提案しています。

プラント施設の３Ｄデータを計測し図化する測量会社はすでにいくつか存在しますが、それらのデータを一元管理するシステムまで顧客のニーズに応えて構築できる会社というのはまだまだほんの一握りだと思います。一方でプラント施設の管理を支援する、いわゆるプラントエンジニアリング事業を営む大手企業はいくつも存在しますが、精密でなおかつ3Dで可視化されたデータ計測を行えるところはこれもまたほぼ存在しないはずです。3D測量と、それを基に企業の要望に呼応したシステム構築ができるワンストップの会社だからこそ、プラント施設を抱える企業に喜ばれる解決策を提供できているのです。

3D仮想空間には配管や機器の情報も事細かに紐づけることができます。例えば点検を行った日付を登録して一元管理したり、交換が必要な古い配管だけを3D地図内から表示させたりするシステムも構築が可能です。これらは公共事業向けのGISをつくって技術を蓄えてきた成果を存分に発揮できる、会社の腕の見せ所といえます。

除雪集計システムのように、清掃ロボットの管理を行うシステムを組む、といった技術を提供することも近い将来には実現できるかもしれません。AR（Augmented Reality：拡張現実）機能を融合させて、スマホやタブレットなどで撮影した施設内画像から位置情報を取得し、写っている配管や機器の情報を表示させるなど、最先端技術を組み合わせたものも提案できる可能性があります。

日本国内のプラントは近年老朽化が大きな問題となっています。それに加えて人口減少による人手不足なわけですから、状況把握や修繕プラン組み立てなどのため、今後このようなプラント施設管理の支援を目的とした３Ｄ計測の需要はますます高まっていく一方だと思います。

実際、すでにいくつかの大手民間企業から、プラントの業務をＤＸ化してコスト削減や生産性向上につなげたい、という要求があり、プラント計測事業を並行して進めています。公共事業向けですと先にルールや仕様などを決めてから入札式で発注されていくのが定番です。しかし民間企業の場合は走りながら仕様を固めていくことができるので、二人三脚で試行錯誤しながら進めていけるというのは技術の積み上げの点では非常に有意義といえます。

今後民間企業での業績が評価されていくにつれ、公共事業でもこれら３Ｄ計測に関連した業務が採用されていく流れがつくられていくと思われます。そのときに仕事を取っていけるのは、やはり多くの経験が蓄積されている会社ということになり、私の会社の競争優位性は担保されるはずです。ＧＩＳや３Ｄデータという、測量の先の先にある技術をいち早く導入してきた会社だからこそ得られる、ファーストペンギンゆえの成果が期待できます。

私はプラント施設関連事業で3D技術は熟成されていくものと見込んでいます。プラント以外の業態業界でも、今後3Dをさらに効果的に活用する新しいアイデアが出てくることも考えられます。道路台帳整備業務や固定資産課税台帳業務の波に乗ったときのように、早くから技術を磨いていれば、来るべき時にうまく乗っていくことができるはずです。そのときのためにも、まだあまり注目されていない現在からせっせと技術を磨いていくことが、30年50年先の会社の大きな実りにつながっていくと確信しています。

## 時代の変化に適応するファーストペンギン

GIS自体を導入していない自治体はまだありますし、導入していても使いづらいためほとんど活用されていないところもあります。フリーのGISエンジンを使って、自治体職員が自作しているものもあったりして、その完成度というのは自治体ごとでまちまちです。しかしＧＩＳは今や地域に欠かせない存在であり、保有している貴重な情報をどれだけ正確かつ分かりやすく住民に公開し共有できるかが、地域の自治においても重要となっています。統合型ＧＩＳと住民公開型ＧＩＳ、２つのシステムが住民の生活の質や街の安全を左右することに疑いの余地はありません。

とはいえ各自治体の予算にも限りがあるため、どうしてもＧＩＳに本腰を入れられないところもあるかと思います。それぞれの予算を踏まえつつ、さまざまなニーズに応えられる最適なＧＩＳが構築できるよう、これからも技術を磨き営業活動を続けていく所存です。

また会社の新しい経営戦略として、プラント施設の３Ｄ測量を民間事業にビジネス展開していくことで、公共事業だけに依存した経営から脱することを計画しています。財務省によれば日本の公共事業予算は２０２２年度で６兆円程度と２０２０年以降はわずかながら下落傾向にあります。今後もますます公共事業へ割かれる予算は減っていくと予想され、これと連動して公共事業関連の測量案件は発注が減少していくと思われますから、より競争が激化するものと考えられます。

決して安心はできないのですから、今後もプラント事業をはじめ公共事業の領域を飛び出し、いろいろな分野へとチャレンジしていく姿勢は大切です。これもまさに、このままでは死んでしまうかもしれないからこその、最悪を想定しながら新しい分野へ飛び込んでいくファーストペンギンの具現化といえます。

GIS事業から始まり、ユーザーの需要に応えたソフトウェアを開発するICTセンターへと転身した会社のIT部門は、当初の想定以上に成長を続けることができています。設立当時のGIS事業部はあくまで測量の後方支援部隊であり、会社の強みはこれからも測量技術であり続けるだろうと見込んでいました。それが今では会社経営を支える屋台骨の一つとなっており、全社員のうちの20パーセントほどがICTセンターに属しています。もしかしたらこれからさらにGIS事業が大きく広がっていき、測量会社というよりもむしろシステム会社としての色がより濃くなっていくかもしれません。

いずれ測量の仕事の多くがAIに取って代わられる日が来ないとも限りません。そうなれば社員の大半がICTセンターに所属し、AIが測量したデータの活用方法を顧客に提案する、ICT専門の会社に姿を変えているかもしれません。企業のDXを支援する、

ＧＩＳを基点としたソリューションカンパニーへ飛躍する日が来ても、決して驚きはしません。このように時代に応じて新しい経営方針を模索していき、世の中の動きに合わせて姿を変えていくというのも、ファーストペンギンならではの生き残りの知恵であり、技術なのだと思っています。

# 第五章

## 地下測量、ドローン技術、メタバース……
# 測量技術とＩＣＴの融合が事業領域をさらに広げる

## ファーストペンギンであり続けるメリット

中小企業ならではの意思決定の速さを頼りに、航空測量から始まり、台帳業務、GIS、レーザースキャナー搭載機器の導入と3Dデータの計測など、私の会社は測量に関わることで必要だと感じたものはどこよりも早く、リスクを顧みず果敢に導入や参入を決めてきました。それは、やらないと潰れてしまうかもしれない、という恐怖心に端を発した、新しいことへのチャレンジの連続でした。

業績が安定している現在においては、潰れてしまうほどの脅威というのは実際にはあまりないといえます。しかしそれでもなお、私はリスクを覚悟してファーストペンギンであり続けていたいと思っています。なぜならこれまでの幾度にもわたる瀬戸際のチャレンジのなかで、ファーストペンギンであり続けることのいくつものメリットに気づいたからです。

まずファーストペンギンであることの最大のメリットは、最新技術導入や新しい事業への参入といった未知へのチャレンジによって、ほかよりも優位な立場を確保できる点です。

これはファーストペンギン本来のメリットである、先行者利益の部分に該当します。社運を賭け、多額の借金というリスクを背負って挑戦した航空測量がまさにそうでした。道路台帳整備業務では航空測量が必須であり、早くから技術を導入していた私の会社は圧倒的に優位な立場から仕事を立て続けに受注することができました。この出来事はまさしく会社の運命を決めたといっても過言ではありません。

これからはレーザースキャナー測量の時代が来る、という期待からいち早く導入したＭＭＳも、ファーストペンギンだからこその先行者利益をつかむことができました。それは道路に関する測量業務ならＭＭＳをもっている私の会社に問い合わせてみる、という定評を得ることができたからです。私たちのもっている技術や提供価値がスタンダードとして認知されたため、その後も仕事を受注するうえで非常に有利に働いていくこととなりました。先駆者として業界のスタンダードになれるのは、ファーストペンギンゆえの大きなメリットといえます。

一方、慎重に様子をうかがってから後発で参入するのは、リスクを極限まで抑えてから満を持して新技術や新事業へ挑戦できるものの、すでに市場は競合で埋め尽くされており、参入の余地がまったくないことも考えられます。ＧＩＳに私の会社はいち早く参入し自家生産を心掛けましたが、多くの測量会社はお手上げとばかりに手出しせず、ＧＩＳ事業に参入するとしても外注で済ませているところがほとんどでした。

しかし現在、競争の源はＧＩＳとなっており、さらにはそれから派生したさまざまなソフトウェア開発が需要と利益を生み出しています。この段階になってようやく参入する会社も出てはいますが、すでに何周も周回遅れをしているようなもので、シェアを奪うにはそれこそ相当の根気とリスクが必要になってくると思います。

ファーストペンギンであることの２つ目のメリットはとてもシンプルな話で、多くの人の注目を集めやすい点です。ＭＭＳは日本海側でいち早く導入したことでいくつかのメディアに取り上げられ、幸先のいいスタートダッシュを決めることができました。この特権を得られるのは最初に始めた者だけです。現代はテレビや新聞などにとどまらず、ネットニュースやＳＮＳなどさまざまなメディアが存在する時代ですから、よりこのメリットを得られる可能性は高いといえます。

３つ目のメリットは、ここまでの総決算のようなものですが、ファーストペンギンはあらゆる経験を成長の糧にできることです。測量業界ではプロポーザル方式での入札が増えていて、発注業務に対してどのような提案をするのか、その内容が評価され、受注できるかどうかを左右します。このとき、新しくて生産性の高い技術を使った提案ができるのはもちろん、過去にどういった失敗を経験していて、どういった対処を行ったかもプレゼンに盛り込むことで、高評価につなげることができます。

ファーストペンギンなら、失敗すらも会社の財産となり、営業の武器にできるのです。失敗を恐れて、ほかが使っているのを見よう見まねでやっているようなところには失敗経験の蓄積がありません。これでは技術力の積み重ねがなく、想定外の事態に対する対応力が備わりません。失敗を経験しているところとそうでないところ、その実力の差は歴然としています。

最後に、ファーストペンギンとはいわば冒険者であり、冒険から刺激を受けることができます。新しいことに挑戦し続ける姿勢は、人生の充実や楽しさに直結するものだと私はとらえています。今も会社は新しいことへチャレンジする文化を定着させている真っ最中ですが、これが浸透していくとともに、社員たちもなおいっそう仕事を楽しんでくれているように感じています。

ファーストペンギンは楽しい。これもまたメリットです。だからこそ会社の業績が安定していても、私はファーストペンギンであり続けたいと考えています。

## 企業の寿命は人で測れる

私の会社には他の追随を許さない測量技術やＧＩＳ技術があります。しかし企業の命運を決めるのは決して技術力ではありません。その技術の使い方を模索していく人材や、技術を扱い付加価値を与えていく人材こそが、企業の生命力を決定づけます。人材あってこその技術であり、企業に対して強い思いを抱いている人材がいなければ、遅かれ早かれ企業は衰退していくのだと私は考えています。これは測量業界にとどまらず、あらゆる業界に共通している真理だと思います。

技術進歩の激しい測量業界ですから、私もこれまで多くの競合他社の栄枯盛衰を見てきました。ある会社では2代目に代替わりしたと同時に一気にパワーダウンし、そのまま解散へと追い込まれていきました。経営基盤や方針、保有する技術力や資本力は変わらないはずなのに、なぜ後継者へバトンタッチした途端に勢いを弱めてしまうのかというと、企業の命の長さというのは、トップに立つ人の自社への思いの強さに比例するからです。

初代の創業者はゼロから会社を立ち上げてここまで興してきたのですから、自社への思い入れは誰よりも強いはずです。しかし2代目はそこまでの強い思いをもっているとは限りません。ときには明確なビジョンももたず、ただ雇われ社長のようにして受け身な経営をするトップもいます。そういう人間が上にいたら、下で働く社員も会社に抱く思いは自然と弱まってしまいます。そうして人材は育つことなく、出て行く人材も増えていきます。やがて企業は不健康な状態になり、寿命が尽きるのも時間の問題となってしまうわけです。

人材への投資を怠ったがために、たとえ黒字経営ができていても後継者が見つからず、廃業に追い込まれている中小企業も多いのが日本経済の現状です。私の会社も決してひとごとだとは思っていません。

私はこの、会社への思いの強さが寿命を決めると信じています。私自身、アルバイトからここまで40年も苦楽をともにしてきた会社に対する思いというのは、ほかの誰よりも強いと思っていますし、私がいなくなって以降も健全で寿命を感じさせない不老不死の会社であり続けてほしいと願っています。だからこそ会社への思い入れがひときわ強い人材の育成こそが何よりも大切と思い、人材投資を惜しまず実践しています。

振り返ってみれば、人材への投資こそが自社の唯一の延命措置だったことに疑いの余地はありません。航空測量や道路台帳整備業務のときも、まずはそれら新しい技術や仕組みを扱える人材を育てることに重点を置いていました。固定資産課税台帳業務のときもGISのときもそうです。そしてそれらの事業に対して熱中して取り組み、会社への思いを強くしている人材を登用するようにしたからこそ、今もどの事業も常に前向きで未来を見据えた経営を実現できているのです。

しかし会社への思いを強くしてくれる人材を育てるにはどうすればいいのか、という問題は多くの企業に共通の悩みだと思います。言われたことだけをただ淡々とこなしていく、そんな思考停止状態の社員ばかりの集団になることは、不健康な企業を形成する懸念材料となってしまいます。

そうならないためには社員の育成プログラムと環境づくりが大切です。昨日より今日、今日より明日と日々、社員個々が成長できて、それが会社の成長にもつながっていく体系づくりが肝心となります。

## 変わり続ける企業を目指して

私の会社は2019年に創業70周年を迎えました。このまま健康な経営が続いて100年企業を達成し、さらに次の100年に向けて引き続き新しいことへチャレンジを続ける企業であってほしいと願っています。そのために絶対に貫き続けてもらいたいのが、会社の理念である「どこよりも早くやる」という積極的な姿勢です。

技術でも組織でも仕事のやり方でも何でもいいので、1年前と同じことをせず、変え続けていく会社でありたいのです。何かを変えるということは一時的にはリスクを負うことになり、会社の業績が下がることになるかもしれません。しかしそれが会社の寿命を延ばすために不可欠であると判断できたなら、躊躇なく実践していくべきであると考えています。

今の経営方針が安定しているから1年後も同じままでいいだろう、などと現状にあぐらをかくような選択をした途端、会社は伸びしろを失い経営の隙ができてしまいます。技術の進歩がめざましい測量業界では、特に現状維持は退行どころか消滅を招くことになります。その危機感を常に抱いて、絶えず状況を変えていくファーストペンギンを続けていくべきです。

とはいえ、何でもかんでも変えていけるほど、地方の中小企業の体力は無尽蔵ではありません。変えていこうとしている結果が、5年先10年先も会社にとってプラスの影響をもたらすものなのかどうかの吟味は欠かしてはいけません。これまでもそうやって議論を交わし吟味、選択し、選んだものに集中して変化させることに取り組んできたからこそ、ここまで会社は生き残ることができてきました。

変わり続ける企業を目指して、人材投資に関連して取り組むようになった社内チャレンジはいくつかあります。なかでも大きな成果を生み出しているのが「イノテク会議」です。イノテクとはイノベーションテクノロジーの略称で、新しい変化を会社に起こすための議論を交わす場と定義しています。

各部署の現場を知る管理職クラスが集まり、それぞれテーマをもって新技術やチャレンジしたいことについて発表をし、実践すべきか否かを話し合っています。このイノテク会議に集まるメンバーはさらにそれぞれの部署内にてメンバーを組成し、そこでイノテク会議のための下準備をしてもらうようにしています。このように組織の階層ごとでまとまりをつくって、自由に発想して提言できる機会を数多くつくることで、常に変化を取り入れられる文化を築いているのです。

こういった自由な議論の場をつくることで、これまで意見を積極的に発信しなかった人たちからも本音を引き出せるようになってきました。今ではイノテク会議が会社に大きな変化と成長をもたらす源になっていると実感しています。

３Ｄ測量に取り組むようになったのも社員が直接私に提案をしてくれたからであり、会社の寿命を延ばすための変化をもたらしてくれました。このように何でもやりたいことを提案でき、社員が熱中して取り組める環境をつくること、そして変化に対して好意的な雰囲気を定着させていくことが、引き続き社内の重要課題となっています。

私自身、社長になる前はＧＩＳ事業部の立ち上げなど、会社の変化に積極的に取り組んでいて、それらの結果が実ったからこそ現在の地位があると考えています。社員全員が変化を好み、新しいことにチャレンジし結果を出していければ、会社をより健全で成長力の高い組織に変えていくことができると信じています。

## 人も会社も「専門バカ」にならない

会社の規模が大きくなるにつれ、課題として感じるようになったのが人材の動かし方でした。時代の移ろいとともに測量業界も、社外で行う現場仕事から社内で行うデスクワークへと、徐々にそして着実に業務ウエイトが偏っていっています。

具体的には、測量をしたあとの台帳作成業務だとか、GIS事業のIT寄りな仕事がより作業量を膨らましていくようになったのです。そういった世の中の需要に応じて、事業部ごとの規模を手軽に調整できればいいのですが、私の会社は元来測量技術者を多数擁した会社です。昨日まで現場へ出て測量に勤しんでいた人材を、今日から急にIT人材へジョブチェンジさせることなどできません。

業務と人材のバランス配分を適宜どのようにアレンジしていけばいいのか。この点は大きな課題で、もっとデジタル部門に力を入れたいけれど人材がどうしても追いつかない、ともどかしく感じることもしばしばありました。

そこで実践したのが、「専門バカ」をつくらないための新人育成プログラムです。この育成プログラムは、入社1年目の社員を対象に、会社の主力事業である地上測量、航空測量、GIS事業、台帳事業の業務に順繰りに携わってもらうことで、各事業の仕事内容を把握してもらおうというものです。事業部ごとに先輩社員の指導を受けながら、その事業で学ぶべき最低限の知識と技術を各3カ月間、約1年かけて習得してもらいます。

この新人育成プログラムを経て、測量技術が備わっていて、GISのシステムも組めて、台帳関連についても知識があり、なおかつ会社全体の業務の流れが把握できていて、取引先とのつながりや営業との連携も分かっている、測量関連の新人ゼネラリストが誕生します。つまり、1年をかけて優秀な人材を育て上げるというわけです。

そして2年目には、自分がどの事業に向いているのか、どこでより自分の力を役立てていきたいのかを上司と相談して決めてもらいます。ただ、2年目からは自分の興味が湧いた事業に携わっていくシステムになっているものの、もしこの先需要と供給のバランスが変動していくことがあれば、事業部を異動してもらう日も訪れるはずです。そうなっても、1年目に各事業を巡った経験が活かされ、異動先の新しい部署でも即戦力として業務に携わってもらうことが叶うわけです。

ちなみに1年目の教育課程ですが、教えられる側が成長するだけでなく、教える側にとってもスキルを磨くチャンスになっています。組織全体の実力を高めるうえでも非常に大きな効果があると、この育成プログラムを実際に始めてみてから強く感じるようになりました。また各事業部で人間関係を構築できるので、部署の垣根を超えて相談しやすく、団結力の高い組織づくりにもつながっています。

こういった育成プログラムをもたず、即戦力を育てるために一つの業務だけに専念させる、というのも会社経営としては正しいやり方の一つではあります。実際、一本集中なら効率よく練度は上がっていくので、短期的には会社の利益に直結していくのも確かです。しかし経営の10年以上先を見越したとき、仮にその人材の携わっていた業務が陳腐化してしまい、業務従事者としての価値が失われると、会社にとっても個人にとっても不幸な事態が待ち受けています。そのような悲劇を招くことのないよう、会社内を横断していく育成プログラムを設け、業界のゼネラリストを育てる方針にすることが、会社と人材双方の未来にとって望ましいと考えています。

また、社員個々が専門バカに陥らないよう心掛けるのであれば、会社そのものも専門バカであってはいけないと考えています。時代とともに組織はグローバル化し、業種業態にとらわれないホールディングスを名乗る会社も増えているわけで、技術の進歩とともに業界ごとの垣根は崩れていっているのが現状です。そのような時代の流れのなかで、測量は専門性が高く参入障壁も高めでややガラパゴス業界というか、さほど業界外から踏み荒らされる未曾有の事態は訪れず、平和ボケしている向きもありました。

しかし時代とともに、測量の世界も着実にほかの事業領域と融合を始めています。このような現状に危機感を覚えているからこそ、民間企業を視野に入れたプラント測量事業や、顧客のニーズに応じたソフトウェア開発といった、測量の外にある分野へも力を入れるようにしています。

トップである私自身もまた、専門バカにならないよう気をつけています。社長になるまでは営業一筋でしたが、トップになって測量のことを何も知らないのはさすがにまずいと思い、測量の勉強をし直しました。社長就任直後に測量士補の資格も取得しています。

営業の領域を出て、経営的な視点だけにとらわれることなく、現場の声も引き出しながら組織全体を眺めることで、企業のなかにあるさまざまな潜在化した課題に気づき、表面化する前に対処することができました。トップに就く人間も、経営のスペシャリストというよりは、自社のことをよく知るゼネラリストがふさわしいといえます。

## 売上の3パーセントを研究開発へ

私の会社では売上高の3パーセントを研究開発費に充てています。経済産業省の企業活動基本調査によれば、中小企業の売上高に対する研究開発費の割合は平均0・8パーセントほどと報告されているので、3パーセントという数字はかなり高く、大手企業の研究開発費と同じくらいの予算ウエイトです。

研究開発をするに当たって、研究開発専門の部署を設けるのではなく、社員のなかから事業所や部署の垣根を超えてメンバーを編成し、新しい技術の創出に挑んでいます。そして年に3回、研究の進捗を役員の前で発表し、忌憚のない意見を出し合う場を設けています。

研究の大きな方向性は省人化と省力化の2つです。既存の決まりきっている業務をいかに人の手を加えず自動化できるかを考える省人化と、新しい技術を取り入れることでこれまでの業務を圧縮するための省力化、いずれも会社の実利に直結するものを研究しています。現時点で動かしている研究プロジェクトは4つあります。

1つ目は3Dモデルデータを使った新商品プロジェクトです。現時点ではプラント施設を3D仮想空間に表現して維持管理していくシステムを3D測量の最前線としていますが、ここからさらに派生して新しい分野に広げていくことができないか、さまざまな切り口から研究しています。

2つ目は統合型GISの改良プロジェクトです。自治体からのGISに対する要求レベルは今後ますます高まっていきますし、扱っていく情報量も年々増えていっています。これらに対応できるだけの処理スピードと使いやすさを兼ね備えた理想のシステムとは何なのか、現状のシステムに満足することなく探求し続ける研究を進めています。

3つ目はレーザースキャナーを搭載した3D測量車両、MMSを活用した新しい技術プロジェクトです。省人化と省力化の名のもとでレーザースキャナーほど測量技術に革新をもたらした技術はないと思っています。なかでもMMSは少ない人数で、安価で効率よく測量が行えるすばらしい技術ですし、初期から導入している自社にはたくさんのノウハウが蓄積されています。これをさらに有効活用できる新技術がないか、模索している最中です。

最後の4つ目はAIに関する研究です。業務を効率化する革新的技術として、あらゆる業界に進出を始めているＡＩは、測量業界でもその地位を確たるものにしつつあります。さすがに現場での測量業務が完全に取って代わられる時代はだいぶ先のことと思われますが、社内で行う画像の判読についてはＡＩに任せられる業務がいくつか発案されています。

例えば固定資産課税台帳業務では、３年に１回ペースで航空写真を撮影し、以前に撮影したものと差分がないかの判読を行う必要があります。個人の土地内に新たに建てられた建造物やなくなった建造物を見つけることで、固定資産税の課税対象を正しく把握するためです。こうした点を自社内で航空写真を見比べて目視にて確認するのがこれまでのやり方でしたが、非常に骨の折れる作業になります。しかしこの差分を見つける業務こそプロセスが決まりきっている業務であり、集中力に限界のある人間が行うよりもコンピュータのほうが断然向いているといえます。差分を見つけるプロセスを学習させることでＡＩが正確かつスピーディーに対応してくれる期待がもてるというわけです。

しかしＡＩによる画像解析技術は、私たち測量会社は完全に専門外です。そこでＡＩ技術を研究している大学の研究室と連携し、実現に向けて研究プロジェクトを進めています。このように専門外の研究分野については、外部研究機関との共同開発も視野に入れることで、より実用的な新商品開発の実現可能性を高めることに努力を惜しみません。ＡＩによる判読作業は着実に進化しており、これまで人間が１００行っていた作業が、80、70と負担割合が減ってきて会社の実利に結びついています。

ＡＩ技術に関していえばもう一つ、森林資源量解析の研究も進めています。これは、２０２４年度より徴収が開始される森林環境税に関連しています。この税は均等の国税として、国民一人あたり年間で１０００円を負担することになっており、温室効果ガス削減や水源の維持、森林に生きる生物たちの保全のため、森林整備とその促進に関する事業に使われることになっています。

この取り組みでは、日本国内にどれだけの森林資源が存在するのかを正確に把握することが重大任務として挙げられています。ただ木の数を数えるだけではなく、種類や大きさまで判定する必要があります。人材確保はもちろんのこと、いかに効率よく精度の高い算出ができるかは、新しい税金の適切な使い道を決めていくうえでも重要です。この森林資源量の解析に測量の技術は欠かせないわけですが、とりわけＡＩの力を借りることでより省人化と省力化を実現できることが期待されています。ＡＩが精度の高い解析を行えるよう、どのような学習プログラムを組むべきなのかも重要な研究テーマです。

ＡＩ関連だけでなく、ＧＩＳやＭＭＳの研究についても教育機関や他業種との連携を強めて、測量業界の力だけでは実現し得ない新しいイノベーションに、私たちは挑み続けています。巨大資本をもつ超大手企業であれば、このような取り組みに積極的なところも多いと思いますが、地方でここまで実践している中小測量会社というのは、ほかを探しても見当たらないと自負しています。

## 全社員が「無駄」を恐れないファーストペンギンに

とはいえこれらの研究プロジェクトも、すべてが順風満帆に進むわけではなく、なかなか思うような成果を上げられないものもあります。そこで研究メンバーには必ず研究成果に関する具体的な目標を立ててもらい、１年後にはどれだけの数字を出すかを決めてもらいます。

1年を区切りとしてこれまでの進捗と成果を見て、目標を達成できているのか、できていなければ何が問題なのかを詳細に議論します。さらに1年継続する場合は目標の数字を更新し、また1年後の進捗報告に向けて研究を続けてもらいます。もしこれ以上の成果が見込めないと分かったら、そこで打ち切りという決断を下すこともあります。想定ほどの成果が出ていない研究に予算を割き続けているほどの余裕はありません。もっとほかに、より会社の実利へと結びつく研究に予算をかけたほうが会社の将来のためにもなります。

このように研究途上で打ち切りをすると、研究は無駄に終わってしまったという見方もできますが、やってみた結果成果は見込めなかった、という結論に至るのも重要な成果です。そして何より、ここが重要なのですが、研究に関わった人の成長は決して小さなものではありません。

そもそもこの研究開発の取り組みを始めた当初、ほかにはない画期的な技術製品を開発して世の中に広く名を知らしめよう、といった野望はさほどもっていませんでした。むしろ研究開発は人材教育の一環であり、新しいものを次々と取り入れて変化を好む人材を育てることが第一の目的だったのです。そして定期的な研究発表の場を通して、あるいは他業種や研究機関との交流を通して、社員のコミュニケーション能力や発信力、説得する力といった、プレゼンのスキルを伸ばしていけることを期待していました。正直、研究の内容は何でもよかったというのがスタート直後の私の本音です。

この当初の狙いどおり、社員のプレゼンスキルは研究発表の回を経るごとに伸びていき、営業職や技術者といった職種に関係なく、顧客・取引先の前でも自信をもってプレゼンできる人材が育ってきています。それだけでも十分な見返りがあると踏んで、こちらからテーマを提示して研究に取り組んでもらっていたのですが、今では社員のほうから挑戦したい研究テーマが出てくるようになっています。しかも研究のうちのいくつかは実際に成果が出始めており、会社の利益にも貢献するようになっているのですから、私としては期待以上の収穫に驚くばかりです。

実利的な収穫のないまま研究を打ち切るのを、無駄だと評価する人もいるかもしれませんが、私は決してそうは思いません。社会に出て働く人材としての資質向上につながるのであれば、決して無駄ではないのです。

こういった一見無駄だと思える挑戦というのも、会社がいい時期、お金が潤沢にある時期限定でしかできないことです。以前、外部の人間から、社員に研究をさせるのはいいが、やりたいことだけやらせて、技術だけ盗まれてほかの会社に行かれたらそれこそ無駄ではないか、と言われたこともありました。しかし正直なところ、私としては彼ら社員が会社を離れて別の場所で活躍することも別に構いません。技術を盗まれるといった懸念もたいした心配事ではありません。

むしろ社員にはこの会社を大いに有効活用してもらい、人間的な成長をしていってほしいと考えています。どんな社会にあっても最前線で戦っていけるような、貴重な人材であってほしいのです。そのような考えのもとでの、売上高3パーセントの研究開発費であり、完全な会社の実利だけでなく、個人の実利、社会の実利にも結びついていけばいいと考えています。その選択が結局は会社が大きな飛躍を遂げるための最善の手段であると確信しています。

実際の成果として、会社の人材はこれまで以上に新しい挑戦を続け、変化を好むようになってきていますし、数字でいえば離職率も低い数値で推移しています。研究対象の最先端を学べるカンファレンスが海外で開催されるので参加したいといったアグレッシブな声も、社員から自発的に上がるようになってきました。ゆくゆくは全社員がファーストペンギンとなって、リスクを覚悟で何事にもチャレンジしていける社風が完全に浸透していくものと期待しています。この体制が継続できている限り、会社の経営は安泰だと思います。

## 【ファーストペンギンになることのメリット】

**先行者利益、競争優位性が保てる**
**新規性が高いのでアピールしやすい**
**失敗すらも財産となる**
**挑戦が人生の質を向上させてくれる**

人材の育成に悩んでいる経営者の方がいるのであれば、社員がやりたいことに取り組める環境づくりにチャレンジしてみるべきだと思います。研究開発と銘打ったものではなくても、例えば既存の業務を効率化する方法を考える時間を、業務のなかにつくることで、社員の積極性ややりたいことづくりにつなげることができます。やりたいことに挑戦しやすい環境づくりを大切にすべきです。

## 「にいがた2㎞」プロジェクトでの地域活性化

新潟市では、選ばれる都市づくりを目指す取り組みの一つとして「にいがた2㎞」と呼ばれる大規模プロジェクトを推進しています。この2㎞というのは、新潟駅から直線にしておよそ2㎞地点に当たる、万代《ばんだい》、万代島《ばんだいじま》、古町《ふるまち》という都市エリアのことを指しています。高架化が完了し活性化が著しい新潟駅を出発点として、古くから繁華街として栄える古町方面もより発展させていこうというのが、本プロジェクトの本来の趣旨になります。

このプロジェクトに新潟市スマートシティ協議会の一員として私の会社も参画し、地元新潟の測量会社としてさまざまなアイデアと技術を提供しています。その一つとして、国土交通省主導の、日本全国の3D都市モデルオープンデータ化プロジェクトである「ＰＬＡＴＥＡＵ」で作成された3D都市モデルを基盤として、新潟市の航空写真を重ね

3Dデータ化した商店街

合わせて、にいがた2㎞地域を3Dデジタル空間に表現しました。これを元手に新しい産業を生み出せないかと、企業や市民から幅広くアイデアを募集しているところです。

このプロジェクトを皮切りに会社が挑戦しているのは、より精密な都市の3Dデータ化です。PLATEAUで要求されている以上の詳細なデータを集積して仮想空間に表現することで、3Dデータを使ったさらなる展開を見込んでいます。レーザースキャナー搭載車両のMMSで道路周辺の3D空間を測量、歩道は歩行測量機器のSLAMを活用し、さらには室内を地上レーザーにてデータ取得しています。そしてこれまで培ってきたＧＩＳ技術を使って情報を加工し視覚化していきます。

地域活性化の一環としての地域貢献活動にプラスして、会社が新しい技術力を蓄えるうえではこれほどいい力試しの場もないと思っています。コストはほぼ自前での捻出になりますが、この機会にノウハウを蓄積して新しい商品の基盤をつくり、さらなる営業力の源としていくことも視野に入れています。

例えば３Ｄ空間の中で商取引やサービス提供などといったコミュニケーション環境を実現するメタバースへの応用が期待できるかもしれません。各都市の中心地域を３Ｄ空間として描き起こし、仮想空間でお店に入って買い物ができる、観光地の下見ができる、ＰＲ時の参考資料として活用できるなど、メタバースの利用方法が確立されて需要が高まる日が来るかもしれません。そうなったとき、にいがた２㎞での経験を活かしてさまざまな提案をすることができます。

こういった地域活性化と社内の技術力強化の両方を狙った新規プロジェクトへの積極参入というのも、ファーストペンギン的な特色をもつ会社ならではといえます。

かつては、会社が潰れるかもしれない恐怖から、仕方なく新しいことへチャレンジするファーストペンギンを演じていましたが、にいがた2㎞プロジェクトにおいては少々毛色が変わってきたように感じます。もともとは自分たちを守るための挑戦だったのが、今では完全に攻め一辺倒の挑戦に転じました。にいがた2㎞プロジェクトに参加しなくても、これほど3Dデータ処理技術に力を入れなくとも、今はもう会社が潰れるようなことはありません。ファーストペンギンに違いはありませんが、新しいことへの挑戦のきっかけは明らかに変化しています。このような活動に積極的に参加していくたびに、私の会社の新しいスタイルが出来上がりつつあるな、という手応えを感じています。

## 災害時にも活躍する測量の技術

災害が起こったとき、最も早く現場へ駆けつけるのは警察官や消防隊員や災害救助隊ですが、実は測量会社の技術部隊もその一つです。

2004年10月23日に発生し最大震度7を記録した新潟県中越地震、3年後の2007年7月16日に発生し最大震度6強を記録した新潟県中越沖地震と、新潟県は短期間に2回の大きな地震を経験しています。

中越地震の際、深刻な被害を受けた自治体の一つが小千谷《おぢや》市でした。小千谷市のGISや測量事業を私の会社も受注しており、被災直後、私たちは自治体から要請があったわけではなく自発的に、自分たちにできることを探して動きだしました。まず飛行機を手配し小千谷市全体の航空写真を撮影しました。崩壊している家屋の状況や地盤沈下や土砂崩れを起こしているところ、道路の陥没具合など、以前撮影した写真と比較することで詳細な被害状況を把握するためです。その結果、現場まで駆けつけて確認するリスクを被ることなく、手際よく人員や緊急車両の手配をする支援ができました。

また営業マンや技術者が市役所へ駆けつけ、自分たちにできることはありませんか、と尋ねたところ、罹災証明書の発行を手伝ってほしいとの要請がありました。被災者が税金の免除や支援を受けるためには、この罹災証明書を自治体から発行してもらう必要がありました。罹災証明書は被災状況に応じて全壊や半壊などの段階があり、受けられる支援にも差が出てきます。これを現地の状況を確認しながら決める必要があり、手続きも煩雑です。大規模災害直後の混乱した状況では、自治体の職員だけで対応できるボリュームではありませんでした。

固定資産課税台帳業務で組み上げたＧＩＳはここで思わぬ活躍を見せてくれました。ＧＩＳに集積されている情報を基に、建物被害調査結果を家屋図に紐づけることで、各家屋の被災状況を把握し罹災証明書の発行を手際よくこなすことができました。

この中越地震をきっかけに、被害の状況把握をするにはまず測量、という概念が定着したように思います。何よりもまず航空測量を行い、上空からの確認だけでは把握できないところは地上測量を行いますし、最近ではドローンで危険な場所の状況把握をするのがスタンダードとなっています。３年後の中越沖地震の際はこのときの経験が活かされ、より迅速な支援活動が実現できました。

２０１１年の東日本大震災ではＭＭＳが出動し、被害状況把握に尽力しました。航空測量は天気に左右されるところもあり、また空の混雑具合によっては飛べないこともしばしばあります。緊急時は特に自衛隊の航空機を邪魔しないために民間機の飛行は制限されます。この点、車両であれば道路さえ整っていれば現地へ向かえるので、航空測量ほどの効率性はないですが、今後被害状況の把握にMMSは主力機器として重宝されると思います。

台風や集中豪雨などの水害でも測量は重要な役割を担います。流量観測といって、河川を流れる水の量を計測し、洪水や浸水の可能性を推定したり、避難の判断材料としたりしています。大雨のなかを駆けつけるので測量部隊は決死の覚悟で作業に当たることもあります。また、いつ呼び出されるのか分からないため、大雨予報の際は夜通し社内で待機していることになります。大雨後の被害状況確認時には、航空測量とドローンを使った3D測量が復旧作業計画に役立てられています。

ちなみに新潟県では年に1、2回、豪雪が発生します。測量の仕事は発生しないのですが、交通誘導の要請が自治体から出されるので手伝いに行きます。除雪車が除雪した雪をダンプに積んで運んでいくので、この作業を邪魔しないよう交通に規制をかけるため、道路は大渋滞です。なぜ測量会社が交通誘導を担うのかと思うかもしれませんが、自治体職員や警備会社だけでは人手が足りないため、豪雪の際は業種関係なく、自治体と関係がある会社は総出で協力してやっています。自治体と仕事をしている、地元に密着した中小企業ならではの緊急出動です。

温室効果ガスの影響などで、異常気象発生の頻度は今後ますます高まっていくことが予測されています。私たちの想像を大きく超えた甚大な被害が発生することもあるかもしれません。そうなったとき、人間がわざわざ現地へ赴いて被害情報を探るのは、相当のリスクを負うことになります。そこで今紹介したような航空測量やMMSやドローンなどを使い、加えてこれまでの災害時の測量技術を活かすことができれば、リスクを抑えながらの救助や復興作業が行えると思います。

被災からの復興力を決定づけるうえで、測量は欠かせないものとなるはずです。こういったいざというときのためにも、私たちは技術と経験をますます積んでいかなければならないと感じています。

## 陸海空そして地下、すべてを測量した先に広がる未来

建設工事がある限り測量の仕事はなくなることはないですが、近年の地球環境や社会事情の変化に伴って、新しくものをつくることに対しての考え方も変わってきました。

例えば身近な話でいえば、世の中には空き家が溢れかえっていて深刻な問題になっているのに、新しい建物を次々と建てるとは何事か、という意見も強まってきています。資源の消費量や二酸化炭素の排出量といった地球環境の面でいえば、確かにその意見は正しく、新築を建てるよりは中古の家を買ってリフォームするほうが地球に優しい考え方ともいえるわけです。

この発想はあらゆる建造物に共通します。公共事業でいえば、橋にせよ道路にせよ配管にせよ、古くなってきたら有無を言わせず取り換える、というのではなく、寿命をできるだけ延ばすにはどうしたらいいかを考えることが大事だといえます。これは世界的に叫ばれている持続可能な社会への取り組み、ＳＤＧｓの一環となります。

このような世の中の新しい考え方に対して、私たち測量会社も順応していかねばならないと感じています。測量という仕事は新しいものをつくる際に必要とされるのですから、持続可能な社会へ世の中がシフトしていくほど仕事は減っていくことになります。

だとすれば今後、私たちのような測量会社は規模を縮小していくしかないのか、というと決してそんなことはありません。むしろ持続可能な社会へシフトしていくほど測量の仕事も増えていくものととらえています。すなわち、建物の寿命を測量できるような技術を採用していくことが、測量業界で生き残るうえでも、理想的な社会実現のうえでも、大きな意味をもっていると思います。

私の会社は2018年よりジオ・サーチ株式会社と協同し、地下測量にまで進出するようになりました。広域はスケルカー、狭域はスケルカートと呼ばれる、移動するだけで地下の状態を3Dでデータ化できる機器を導入しています。これがあれば地面を掘り返すことなく、地面の下の状態を探ることができるのです。

近年は耐用年数を超えてしまっている水道管が全国の地下に埋まっており、そここで水道管破裂や水漏れによる地面陥没などのニュースを見るようにもなっています。水道管を検査するには地面を掘らなければなりません。その大きなコストを負担するほどの余裕がないため、多くの自治体が水道管の老朽化問題を先送りにしてしまっているのが現状です。

この問題を解決してくれるのが地下測量です。掘削修繕工事の予算を確保せずとも、水道管の状態を把握し、寿命を測定し、修繕が必要なところだけ工事することができます。水道管だけでなく、橋梁の中が腐っていないか、邪魔になる埋没物が埋まっていないか、空洞や地下水がないかなど、地下測量はさまざまな用途に使えます。

さらに取得したデータを基にＧＩＳを構築することで、パソコンやタブレット上で水道管の製造年が簡単に確認できたり、空洞部分の有無が分かったり、あるいは検査が必要なところだけを表示したりなど、地下空間情報が充実した地図データを管理することも可能です。最近では電線の地中化も盛んになっているので、もし地下に電線を埋めるならどういった配線が望ましいのかも、地下３Ｄ空間データを使えばシミュレーションできます。プラント施設管理においても地下探査の需要は高く、今後もこの分野での成長が見込めています。

地上測量に始まり、深浅測量や航空測量、ついには地下の測量まで地球上のあらゆる情報を測り取り、３Ｄで可視化するところにまで会社の測量技術を発展させることができました。おそらく地下の測量にまで展開している会社というのは、全国を探しても私の会社だけだと思います。

陸海空そして地下、世にある既存の建造物すべての情報を測量し、維持管理と延命措置に力を入れていくのが、測量業界の未来のあり方かもしれません。真の持続可能な社会は測量から始まるのです。

# おわりに

江戸時代の測量学者・伊能忠敬が正確な日本地図を作成して以降、地図は私たちのあらゆる生産活動の基点となっています。

正確な測量に基づいて作成された地図がなければ、迷わず目的地へたどり着くことはできませんし、立派で安全な建物は建ちません。また離れた場所の地形や高低差を知ることもできません。

膨大な情報が氾濫している現代においても、私たちは地図と密接に結びついた生活を送っています。スマホで地図を見ながら目的地へ向かう姿を街中でよく見かけますし、車を運転するときはカーナビの地図が欠かせなくなりました。地図を基軸としＡＲを活用したゲームが世界的ヒットを飛ばしたこともあります。

かつては地形を確認したり行き方を教えたりするために使うツールに過ぎなかった地図が、デジタル化とともにあらゆる情報を結びつけておける中核の存在としてとらえられるようにもなっています。地理情報システム・ＧＩＳがまさにそうで、あまたの情報を地図に紐づけておくことで、私たちはさらに暮らしの質を向上させたり、仕事の能率を上げたり、世の中を良くしたりするための新しいアイデアを生む基盤としています。

とはいえ地図は不変のものではありません。少しずつ形状は変化しますし、災害があれば大きく変わりますし、建物が建つことでも地図は更新しなければなりません。そのたびに私たち測量技術をもつ会社は現場へ出動し、地図を新しいものに塗り替えていきます。これは人間が地図を頼りにして生産活動を行う限り、測量の仕事は絶対になくなることはないことを意味しています。

そんな測量の世界で、とりあえずの間に合わせでアルバイトとして入った高卒の私が社長にまで出世するなんて、今でも信じられない不思議な心境です。すでに現役を引退していてもおかしくない年齢ですが、地図づくりの最先端領域で新しい技術やアイデアに触れながら刺激的な日々を送ることができています。

もしほかの会社を選んでいたら、私はまったく違った人生をたどることになっていたと思います。挫折に次ぐ挫折を経験する日々を送っていたかもしれません。そのような人生を送らずに済んだのは、まさしく「運が良かった」と言うしかありません。周りからも、お前が社長になれたのは運がいいだけ、たまたまだ、と言われるくらいですから、きっとそうなのだと思います。

私にとって「運がいい」という評価は、最大の褒め言葉です。高卒アルバイトから社長に成り上がるほどの強運を引き寄せた要因は、これまで私が実践してきたことの積み重ねの先にあったようにも思っています。

かつて営業職で回っていた役場では、偉い人を見つけてはとにかく積極的に声をかけて、2時間も3時間も世間話をするようなことをしていました。仕事を取るためではなく、時間潰しのためという向きもあったわけですが、時間が経つにつれて、これが非常に大きな意味をもつようになってきました。

当時、何度も談笑して関係を構築した方々が、組織のなかでさらに偉くなって、重要なポジションで指揮権を握るようになっていったのです。この人脈というのは相当に心強いものがあり、有意義な情報交換ができる機会をたくさん設けることができました。測量の次の需要を探し、新しい仕事を見つけていくうえで、重要な手掛かり材料となったのです。

少なくとも、この新潟県内の測量会社のなかで、私は最も人脈をもち、人に恵まれている経営者と自負しています。

彼ら出世した雑談仲間のおかげで今の私があるのですから、本当に私は運がいいと感じていますし、これからも彼らに支えられながら経営を続けていくことができると思っています。

私だけでなく会社も運がいいなとつくづく思います。航空測量もたまたま道路台帳という新しい業務が発生したから効果的に活用できたものの、運が向かなければただのお荷物になっていただけかもしれません。ＧＩＳも需要が高まらなければいずれお払い箱となっていたかもしれません。私たちに先見の明があったといえば聞こえはいいのですが、かなり運の要素も絡んでここまで来られたように思います。

運のいい会社であり続けるためには、運のいい人材がたくさんいる会社でなければいけません。そしてこの運というのは、外回り営業ばかりしていた頃の私がそうであったように、人と人との交流機会の質と量に応じて高まっていくと思います。だからこそ私は人材への投資を積極的に行い、測量やＩＴ関連の技術力向上だけでなく、プレゼンやコミュニケーションのスキルを磨くことに力を入れる経営を徹底しています。

私もそろそろ現役を退く頃合いになってきました。これだけ世話になった会社ですから、社員の皆さんがこれからも健やかに楽しく働ける会社であってほしいというのが純粋な願いです。経営的には、このように書籍も出すことができるいい時期にありますから、ここでよりいっそう、業界にとらわれず多方面に幅広くチャレンジしていければいいなと思います。社員全員が、5年先も10年先も会社が生き続ける方法を考えていける、今あるものにしがみつかず常に外へ目を向けていける、交流の場へ出て行って知識と人脈を取っていける、そんな文化をよりいっそう定着させていければ最高です。

私のなかでの会社経営におけるすべての基点は、これをしなければ倒れてしまう、だからやるしかないという、不屈の闘志からのチャレンジ精神、必要に駆られてのファーストペンギンでした。迷ったときや壁にぶち当たったとき、常にこの基点に戻って来られれば、飛び込む以外の選択肢は絶対に見えてこなくなります。地図を基点としていれば測量の仕事が不滅なように、この基点を軸としていれば、会社も未来永劫、生き残っていくことができるはずです。

死なないための、不屈のファーストペンギン――この発想が、新しいチャレンジをためらっている方の背中を強く押してくれることを信じています。

〈著者紹介〉
坂井 浩（さかいひろし）
1954年新潟県生まれ。株式会社ナカノアイシステム代表取締役社長。東京の大学を中退後、故郷に戻りアルバイトとして株式会社ナカノアイシステムの前身である中野測量航業株式会社に勤め、1978年2月に正社員として入社。その後営業として着実に昇進し、取締役を経て2010年に株式会社ナカノアイシステム代表取締役社長に就任。「進化する技術、変わらぬ信頼」をモットーに、地上測量に加えて1975年から航空写真測量にも進出、この分野における県内のパイオニアとしての地位を築く。その他、MMS（モービル・マッピング・システム）やVRシステムなど最新の設備を積極的に導入し、全国に支社（支店）5カ所、営業所（事業所）19カ所を抱える新潟一の測量会社へと導いた。

本書についての
ご意見・ご感想はコチラ

# 不屈のファーストペンギン
## 新技術に挑み続けた地方中小測量会社の軌跡

2023年9月22日　第1刷発行

著　者　　坂井浩
発行人　　久保田貴幸

発行元　　株式会社 幻冬舎メディアコンサルティング
〒151-0051　東京都渋谷区千駄ヶ谷4-9-7
電話　03-5411-6440（編集）

発売元　　株式会社 幻冬舎
〒151-0051　東京都渋谷区千駄ヶ谷4-9-7
電話　03-5411-6222（営業）

印刷・製本　瞬報社写真印刷株式会社
装　丁　　弓田和則

検印廃止

Printed in Japan
ISBN 978-4-344-94728-3 C0034
幻冬舎メディアコンサルティングＨＰ
https://www.gentosha-mc.com/